特种动物养殖与利用技术丛书

蚯蚓养殖与利用技术

刘明山　编著

中 国 林 业 出 版 社

图书在版编目（CIP）数据

蚯蚓养殖与利用技术 / 刘明山编著. —北京：中国林业出版社，2005.4（2010.9 重印）

（特种动物养殖与利用技术丛书）

ISBN 978-7-5038-3966-5

Ⅰ.蚯… Ⅱ.刘… Ⅲ.蚯蚓-饲养管理 Ⅳ.S899.8

中国版本图书馆 CIP 数据核字（2005）第 022693 号

出版：中国林业出版社（100009 北京西城区刘海胡同 7 号）

E-mail：cfphz@public.bta.net.cn 电话：83224477

发行：新华书店北京发行所

印刷：廊坊市百花印刷有限公司

版次：2005 年 3 月第 1 版

印次：2010 年 9 月第 4 次

开本：787mm×1092mm 1/32

印张：6

字数：130 千字

印数 17001～22000册

《蚯蚓养殖与利用技术》编委会

主　　编　刘明山
副 主 编　贾立明　蒋　胜
编　　委　王　丰

作者简介

刘明山，中国动物学研究专家，中国农村养殖论坛编委会主编，北京明仁智苑生物技术研究院院长，著有：《蜗牛养殖技术》（中国农业大学出版社）、《蚂蚁养殖技术》（中国农业出版社）、《美国青蛙养殖技术》（金盾出版社）、《蜗牛》合著　（中国中医药出版社）、《珍珠獾养殖技术》（中国农业出版社）、《水蛭养殖技术》（金盾出版社）、《白玉蜗牛养殖技术》（中国科学技术出版社）、《花面狸高效饲养指南》（中原农民出版社）、《波尔山羊养殖技术》（中国林业出版社）、《香猪养殖与利用技术》（中国林业出版社）、《火鸡养殖技术》（中国林业出版社）、《蜘蛛养殖与利用技术》（中国林业出版社）、《孔雀养殖与利用技术》（中国林业出版社）和《白玉蜗牛养殖与利用技术问答》（中国林业出版社）。

咨询电话：010－81218836

前　言

蚯蚓是地球上最古老的动物之一，在美国亚利桑那州大峡谷中，就发现了5.5亿年前的蚯蚓化石。近年来，随着生物技术的快速发展，人们已从蚯蚓改良土壤、充当动物性蛋白质饲料、改善生态环境等方面，转向生物制药工程，尤其是提取的“蚓激酶”，已成为中老年心血管疾病的理想保健药品。因此，蚯蚓的需求量逐年上升，这就为农村和城市人工养殖蚯蚓开僻了广阔的前景。

作者在总结十几年养殖蚯蚓经验的基础上，结合教学、研究、开发工作，在与广大的养殖户共同努力下编写此书。在编写过程中力求从理论到实践，深入浅出，使其内容更具有实用性和可操作性。

由于时间仓促，再加上作者水平有限，书中难免有疏漏和不妥之处，还望广大读者批评指正。

编　者

2004年10月于北京

目 录

第三章　蚯蚓的生活习性

第四章　蚯蚓的人工养殖方法

第五章 蚯蚓的繁殖和育种

第六章　蚯蚓基料的制备

第七章　蚯蚓的饲料

第八章 蚯蚓的日常管理

第九章 蚯蚓病害的防治

第十章 蚯蚓的采收、包装和运输

第十一章 蚯蚓的加工与利用

第一章　蚯蚓养殖业的发展前景

蚯蚓是人们极为熟悉的一种低等动物，又称曲蟮，中药称地龙。

第一节　蚯蚓的分类与养殖

一、蚯蚓的分类地位

蚯蚓在动物分类学上属动物界（Animalia）、环节动物门（Annelida）、寡毛纲（Oligochaeta）种类，蚯蚓又因生活环境不同，可分为陆栖蚯蚓、水栖蚯蚓和少数寄生性蚯蚓。寡毛类约有 3 000 种，一般认为寡毛类是由海产穴居的原始环节动物侵入淡水及陆地而发展起来的一支，它们无疣足，刚毛着生体壁上。有生殖带，头部退化。身体分节但不分区，每一段就是一个体节。蚯蚓在我国分布很广，品种大约有 180 余种。根据养殖蚯蚓的用途不同，又可分为：

1. 用于中药材　适合养殖的蚯蚓品种有参环毛蚓，又称广地龙。该品种个体较大，长 120 ~ 400 毫米，直径 6 ~ 12 毫米，背面紫灰色，后部颜色较深，刚毛圈稍白，喜南方气候，食肥沃土壤。

2. 用于农田粪　适合养殖的蚯蚓品种有白茎环毛蚓，体长 80 ~ 150 毫米，直径 2.5 ~ 5 毫米，背部中灰色或栗色，后部淡红色，腹面无刚毛，喜南方气候和在肥沃的菜地、白薯田中生活，松土与产粪肥田效果较好。

3. 用于水产饵料 适合养殖的蚯蚓品种有环毛蚓，体长70～220毫米，直径3～6毫米，全身草绿色，背中线紫绿或深绿色，常见一红色的背血管，腹面灰色，尾部体腔中有宝蓝色荧光。环带三节，乳黄或棕黄色，喜潮湿环境，宜在池、塘、河边湿度较大的泥土中生活，在水中存活时间长，不污染水质。

4. 用于林业生产 适合养殖的蚯蚓品种有威廉环毛蚓，体长90～250毫米，直径5～10毫米，背面青灰、灰绿或灰黄色，背中线青灰色，喜欢在林、草、花圃地生活，产粪肥田。

5. 用于生产蚯蚓肉、蚯蚓粪 适合养殖的蚯蚓品种有赤子爱胜蚓、大平2号等，体长80～110个环节，环带位于第25～33节，自4～5节开始，背部面及侧面橙红或栗红色，节间沟无色，外观有明显条纹，尾部两侧姜黄色，愈老愈深，体扁而尾略成钩状，适宜我国许多地区养殖，喜欢吃垃圾和畜禽粪。

二、养殖蚯蚓的历史和现状

1. 应用蚯蚓的历史 早在3000多年以前，我国的《诗经》中对蚯蚓就有文字记载。唐代东方虬的《蚯蚓赋》中更加详细地记载了蚯蚓的形态、生活习性等，“雨欲垂乃见，暑既至而先鸣，乍逶迤而蟮曲，或宛转而蛇行，内乏筋骨，外无手足，任性而光，击物便”。明代李时珍的《本草纲目》对蚯蚓的形态、生活习性及药用、药性的记述更加具体。公元1837年，达尔文发表了《通过蚯蚓的活动植物土壤的形成》这一著作，较系统地阐述了蚯蚓的形成和在改良土壤方面的成就，并写出了：“蚯蚓是地球上最有价值的动物”，“除了蚯蚓粪粒之外，没有沃土”，“蚯蚓是人类的挚友”等论点。

2. 养殖蚯蚓的现状　传统的研究和利用都是以野生蚯蚓为资源，直到20世纪60年代，一些国家才开始进行人工养殖蚯蚓，在70年代，蚯蚓的养殖热已遍布全球各地。1980年，美国蚯蚓养殖场已多达9万家，日本也有200余家。在日本的静冈县1987年建成1.65万平方米的蚯蚓工厂，每月可处理有机废物和造纸厂的纸浆3000吨，而且还生产蚯蚓饲料添加剂，以满足人工养殖蚯蚓的需要；日本的丘库县蚯蚓养殖工厂，蚯蚓存栏达10亿多条，用于处理食品厂和纤维加工厂的10万余吨的污泥。

我国的蚯蚓养殖始于70年代末，发展于80年代，目前已走向成熟阶段。这主要表现在：一是养殖技术已趋于成熟。过去没有成功的养殖经验和技术，因此，造成养殖户很难养殖成功。另外就是供销脱节，养殖成功的养殖户，产出的蚯蚓又不知销往何处。目前，蚯蚓的规模养殖技术已被攻克，养殖过程中的关键环节，如蚯蚓的繁殖、病虫害的防治等技术也已掌握；二是种蚯蚓的价格趋于合理，商品蚯蚓的价格也已趋于市场化，已经走出了高价供种和高价回收的恶性循环道路；三是商品蚯蚓的开发与加工已趋于产业化。我国的蚯蚓养殖业在人工养殖技术、综合利用和运用高科技进行新产品开发技术方面都居世界前列。

第二节　养殖蚯蚓的意义

随着科学技术的不断发展，蚯蚓的利用价值越来越高，从传统中药的广泛应用，已向提取“蚓激酶”、“氨基酸”等现代医药发展，并进而向化工、畜牧、食品等方面拓展，使其利用价值更加广阔。

一、药用价值

我国很早以前就有用蚯蚓及蚓粪治病的记载。尤其是伟大的医药学家李时珍，其著作《本草纲目》中虫部第四十二卷，对蚯蚓的药用是这样记载的：〔气味〕咸，寒，无毒。〔主治〕蛇瘕，去三虫伏尸，鬼疰蛊毒，杀长虫。化为水，疗伤寒，伏热狂谬，大腹黄疸。温病，大热狂言，饮汁皆瘥。炒作屑，去蛔虫。去泥，盐化为水，主天行诸热，小儿热病癫痫，涂丹毒，傅漆疮。葱化为汁，疗耳聋。治中风、痫疾，喉痹。干者炒为末，主蛇伤毒。治脚风。主伤寒疟疾，大热狂烦，及大人、小儿小便不通，急慢惊风、历节风痛，肾脏风注，头风齿痛，风热赤眼，木舌喉痹，鼻瘜聤耳，秃疮瘰疬，卵肿脱肛，解蜘蛛毒，疗蚰蜒入耳。〔附方〕伤寒热结，阳毒结胸，诸疟烦热，小便不通，老人尿闭，小儿尿闭，小儿急惊，惊风闷乱，慢惊虚风，急慢惊风，小儿卵肿，劳复卵肿，手足肿痛，代指疼痛，风热头痛，头风疼痛，偏正头痛，风赤眼痛，风虫牙痛，牙齿裂痛，齿缝出血，牙齿动摇，木舌肿满，咽喉卒肿，喉痹塞口，鼻中瘜肉，耳卒聋闭，聤耳出脓，耳中耵聍，蚰蜒入耳，白秃头疮，瘰疬溃烂，龙缠疮毒，蜘蛛咬疮，阳证脱肛，中蛊下血，疠风痛痒，对口毒疮，耳聋气闭，口舌糜烂。现代医药学也充分证明，蚯蚓有解热、镇痛、平喘、降压、抗惊厥等作用。经过临床试验，认为蚯蚓体内有抗组织胺作用的氮素物质，能对肺和支气管起明显的扩张作用；含有一种酪氨酸物质，能促进体表外周血液循环，增强散热，因此有解热的功效；另外还含有一种物质，可以促进子宫收缩，因此还具有催产剂的作用。此外，通过对蚯蚓的酒精提取液，具有降血压的作用；通过对蚯蚓的水浸出液，具有麻痹知觉的作用。

通过对蚯蚓生理生化方面的深入研究，发现蚯蚓体内含有地龙素、地龙解热素、地龙毒素、黄嘌呤、抗组织胺、胆碱、胆甾醇、抗酸衍生物、维生素 B 族复合体及特殊酶类等多种药用成分，还含有较丰富的矿物质和微量元素。

目前，我们经常说的“蚓激酶”，实际上是从蚯蚓中提取的包括生物多糖和其他一些具有生物活性的物质，统称为纤维蛋白溶解酶。这种物质具有抗凝血、溶血栓等作用，不但对新形成的血栓有溶栓作用，而且对原血栓，也有亲和并逐渐溶解的作用。“蚓激酶”还有降低血液黏度、改善血液循环、增加血管的血液流量、减少心脑血管等疾病发生的功效。同时，“蚓激酶”还有延缓皮肤衰老，改善微循环和恢复皮肤弹性等作用。

二、饲用价值

随着我国加入世贸组织以后，也给我国的畜牧养殖业带来了新的机遇。而我国每年都要从国外大量进口鱼粉，年进口量达 60 多万吨，用去 2 亿多美元外汇，因货源不足，价格逐年上升。从营养价值和我国国情来分析，蚯蚓代替鱼粉是完全可行的。经测定，蚯蚓干体内粗蛋白的含量可达 70%左右，鲜体内含粗蛋白 10%左右（表 1-1）。在蚯蚓蛋白中，是由多种氨基酸组成的，如环毛蚓尤以丙氨酸、精氨酸和赖氨酸的含量最多，这些氨基酸都是畜禽鱼类生长发育所必需的物质（表

1－2）。

表 1－1　蚯蚓饲料和其他动物饲料营养对比表

饲料种类	营养成分（%）						
	粗蛋白	粗脂肪	粗纤维	无氮浸出物	粗灰分	钙	磷
蚯蚓粉	56.40	7.80	1.50	17.90	8.70	0.33	0.15
秘鲁鱼粉	61.30	7.70	1.00	2.40	19.60	5.49	2.81
一级鱼粉	55.22	8.00	1.48	3.44	22.48	5.79	3.06
脱脂蚕蛹	59.60	18.10	56.00	5.90	—	0.04	0.07
血　粉	83.80	0.60	1.30	1.80	3.80	0.20	0.24
肉　粉	70.70	12.20	1.20	0.30	7.70	2.94	1.42
骨肉粉	48.60	11.00	1.10	0.90	31.30	11.31	5.61
蛋黄粉	32.40	33.20	—	8.90	8.60	0.44	1.14
饲用酵母粉	56.70	6.70	2.20	31.20	9.20	—	—

表 1－2　蚯蚓体蛋白质中氨基酸组成（环毛蚓）

氨基酸名称	含量
赖氨酸（LYS）	2.87
蛋氨酸（MET）	0.76
胱氨酸（CYS）	0.63
组氨酸（HIS）	1.09
异亮氨酸（ISO）	2.01
丙氨酸（ALA）	3.42
苯丙氨酸（PHE）	1.70
苏氨酸（THR）	1.81
缬氨酸（VAL）	2.17
精氨酸（ARG）	2.95
色氨酸（TRY）	0.66

此外，蚯蚓体内含有的大量的消化酶，尤其是纤维素酶和甲壳酶，可以帮助畜禽鱼类等动物对纤维素、甲壳等食物的分解和消化，从而达到提高动物饲料的利用率，促进投入和产出趋向合理化。而且蚯蚓又是野生鱼类、两栖类如青蛙、爬行类如蛇、鸟类等经济动物的较好饵料，如果把蚯蚓粉添加在畜、禽、鱼等饲料中，也会收到较好的效果。

三、食用价值

蚯蚓作为食品，在我国古代就有记载。至今生活在海南、贵州等地的少数民族仍有挖掘蚯蚓食用的习惯，他们将蚯蚓洗净，切碎，添加在馄饨馅中，因为蚯蚓体内含有大量的谷氨酸，起到“味精”的作用，可以使馄饨的味道更加鲜美。

在国外，尤其是欧洲、非洲和东南亚一些国家，常以蚯蚓为原料，烹调成各种菜肴，如蚯蚓汤、蚯蚓菜等；制成罐头和其他各色食品，如蚯蚓蛋糕、蚯蚓面包、蚯蚓干酪、蚯蚓饼干等。

随着人类对蚯蚓的研究不断深入，以及加工方法的完善和食用习惯的改变，蚯蚓作为人类食品之一，必将有着广阔的前景。

四、改良土壤的作用

蚯蚓改良土壤的作用国内外早有报道。而且经过现代农业的测定，认为蚯蚓确实具有疏松土壤，富集养分，提高肥力的功效。主要表现在以下几个方面。

1. 改善土壤结构　蚯蚓的肠道能分泌出一种中和泥土酸碱度的化学物质，无论酸性土壤还是碱性土壤，经过蚯蚓过腹处理后，就可达到植物健康生长的土壤。蚯蚓体内还具有石灰腺，石灰腺的作用是可以吸取和排出大量的钙质，使土壤形成团粒结构，耐水冲刷，有保水、保肥的功能。蚯蚓吞食的泥土和泥土中所含有的有机物，首先要经砂囊研磨，并在消化酶以及微生物的作用下，部分分解转化为简单的可给态化合物，再经进一步消化后，合成钙盐，连同钙腺排出的碳酸钙一起粘结成团粒，最后排出体外。另外，蚯蚓消化道和体壁等分泌的黏液，本身就有粘结土粒的作用。而这些团粒状的蚯蚓粪为土壤微生物提供理想的基质，促进其迅速繁殖，并可以使土壤中的微生物在消化、分解有机物中，产生一种保护性较强的胶状物质及水溶性养料，既促进植物的根系发育，进而又加速了团粒结构的形成，形成了一个良性循环。

2. 提高土壤肥力 经蚯蚓的吸收消化分解，可以把土壤中不能被植物直接吸收的氮物质，转化为容易被吸收的有效营养物质，从而达到提高土壤肥力的作用。经测定通过蚯蚓过腹后的蚯蚓粪和没有过腹前的土壤（田土），其有机磷、有机钾、钙、总氮、氨氮和有机物等不同程度地有所提高（表 1－3）。据美国研究者估计，在 667 平方米的田园中，如果能有 100 万条蚯蚓，就相当于 3 个劳动力每天轮流工作 8 小时，以及相当于 10 吨肥料的施入。

表 1－3 田土与蚯蚓粪内各种物质含量的比较

测定物	碱交换量当量（100 克）	可交换的钙量当量（100 克）	有机磷（%）	有机钾（%）	钙（%）	总氮（%）	氨氮（%）	有机物（%）
田土	20.98	17.82	37.31	0.0193	1.9537	0.054	0.0033	1.2033
蚯蚓粪	25.45	17.77	53.85	0.0294	2.3683	0.1501	0.0049	1.5213

经测定，蚯蚓粪中含水分 37.06%、氮 0.82%、磷 0.80%、钾 0.44%、镁 0.79%、硅酸 4.78%、钙 1.16%、铁 0.31%、钼 0.79 微克/克、硼 54 微克/克、锰 0.01%、有机质 29.93%、腐殖酸 7.34%、碳素 16.51%、粗灰分 9.77%、盐基置换容量 79.6 摩尔，其有效成分都比家畜的含量高（表 1－4）。同时蚯蚓粪还具有无臭味、不霉变等优点，可封在塑料袋内长期保存，适用于养花、育苗和市场销售。

表 1－4　蚯蚓粪和家畜粪养分含量的对比

含量(%) 养分种类 / 测定物	水分	有机质	氮	磷	钾	碳素	腐殖酸
蚯蚓粪	37.06	29.93	0.82	0.80	0.44	16.51	7.34
牛　粪	83.03	14.50	0.32	0.25	0.16	—	—
猪　粪	81.50	15.00	0.60	0.40	0.16	—	—
马　粪	75.80	21.00	0.58	0.30	0.24	—	—
羊　粪	65.50	31.40	0.65	0.47	0.23	—	—

3. 增强土壤的透气性　由于蚯蚓在其自然活动取食中，不断地纵横钻洞，在土壤中形成大小不一、上下交错的孔洞网系。这些孔洞和孔隙增强了土壤的透气性，从而使土壤变得通气、透水和排水的性能，使土壤得到保墒，植物的根系有更充足的伸张空间。同时，蚯蚓还可以防止枯萎病、霜霉病、炭疽病等病害的发生。

五、垂钓诱饵

由于蚯蚓的形、色、活、味等方面都很适合鱼类的口味，而且其适口性和脂肪含量都比其他动物性饵料丰富。因此，被广泛应用于淡水垂钓诱饵。

垂钓被视为一项休闲性的体育活动，风靡全世界，既可休闲养性，又可陶冶情操。据统计，武汉每年垂钓用蚯蚓50余吨，预计全国在1000吨以上。在日本，有20%的人热衷于垂钓，仅垂钓用蚯蚓每年从我国进口300余吨。冬季，人们在暖室内也可正常垂钓，可见人们对垂钓的迷恋程度。

此外，蚯蚓还有处理垃圾、净化环境、制造肥料等作用。因此，人工养殖蚯蚓可以一举多得。随着蚯蚓养殖业的不断发展，必然带来蚯蚓养殖业璀璨的明天。

第二章　蚯蚓的生物学特性

第一节　蚯蚓的外部形态和内部构造

一、蚯蚓的外部形态

1. 蚯蚓的个体及形态　蚯蚓的个体大小因品种不同，差异也比较大。最小的个体不足1毫米，如原口虫科；最大的个体长达1～3米。根据体型大小一般把蚯蚓分为3类：一类是一般以体长小于30毫米，体宽小于0.2毫米，刚毛呈长发状，多为水栖蚯蚓，如仙女虫（图2－1），这类蚯蚓统称为小型蚯蚓。一类是一般以体长在30～100毫米之间，体宽在0.2～0.5毫米之间，刚毛呈长发状，也多为水栖蚯蚓，常生活在水底泥沙或湿度较大的土壤中，如带丝蚓（图2－2），这类蚯蚓统称为中型蚯蚓。一类是一般以体长大于100毫米，体宽大于0.5毫米，刚毛较短，体壁肌肉发达，适于陆栖蠕动爬行，如正蚓科背暗异唇蚓（图2－3），这类蚯蚓统称为大型蚯蚓。

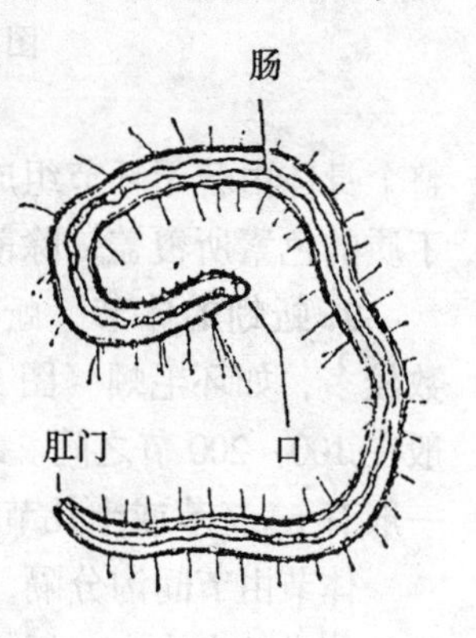

图2－1　仙女虫

蚯蚓的形态通常为细长的圆柱形，有时略扁，头尾稍尖，

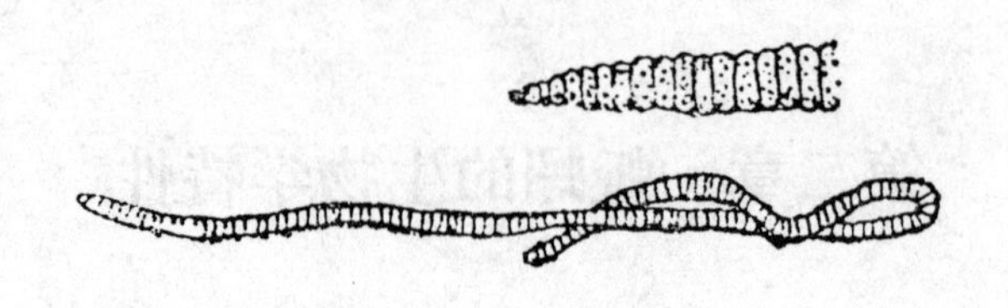

图 2－2　带丝蚓

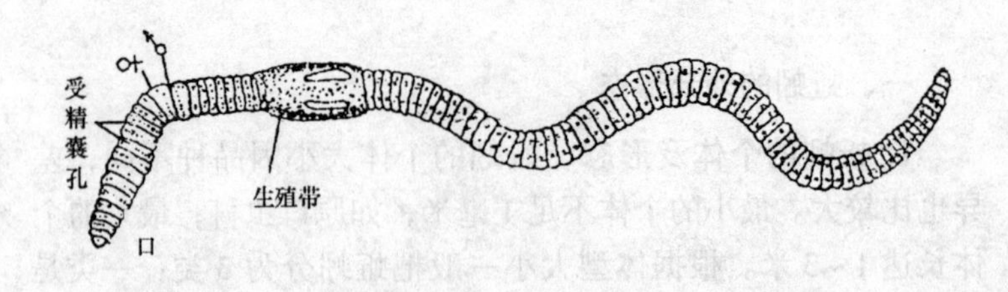

图 2－3　背暗异唇蚓

整个身体由若干环节组成，体表分节明显，无骨骼，体表被几丁质的色素所覆盖，除前两节外，其余体节上均生有刚毛。

2. 蚯蚓的体节　蚯蚓的体节比较明显，陆生的蚯蚓体节数较多，如环毛蚓（图 2－4），最多的体节可达 600 余节，一般在 100～200 节之间。水生的种类不仅个体小，体节数也少，一般有 6～7 节或十几节不等。

体节由节间沟分隔，内部的体腔由无数隔膜按体节在节间沟处分成各个小室。蚯蚓除前端第一节，后端一、二节及环带体节外形特化外，其余各体节形态基本相同，属于同律分节。体节的排列顺序一般用罗马数字：Ⅰ、Ⅱ、Ⅲ、Ⅳ、Ⅴ等来表示。

3. 蚯蚓的体色　水栖蚯蚓体壁一般无色素，体壁不透明的常呈淡白色或灰色，或因血红蛋白存在于体壁毛细血管中而呈粉红色和微红色，也有的表皮细胞中有其他颜色，如膘体虫科蛭蚓呈绿色等。

陆栖蚯蚓根据所栖息的环境不同，呈现出不同的体色。通常蚯蚓的背部、侧面呈棕、红、紫、褐、绿等颜色。腹部体色较淡一些。蚯蚓体色是由体壁含有叫做卟啉化合物的混合物，即为色素细胞或色素粒所致。在蚯蚓的表皮、刚毛囊和淋巴球等均有这种混合物。此外，蚯蚓还具有一定的变色能力，常随着栖息环境的变化而改变自己的体色。

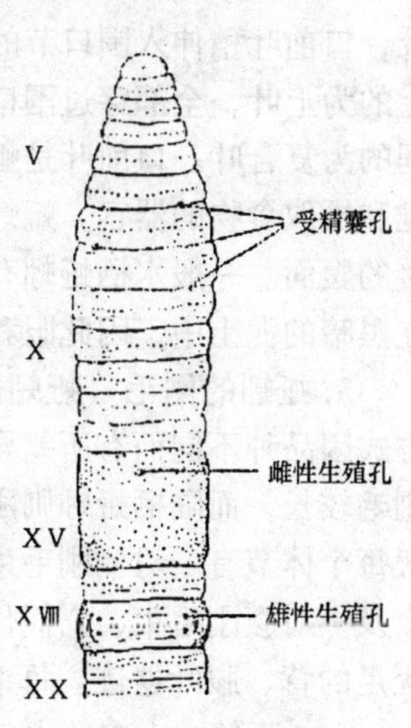

图 2-4 环毛蚓

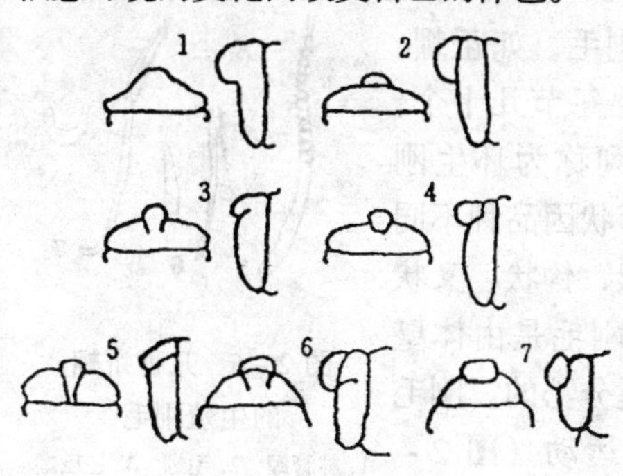

图 2-5 口前叶的类型

1. 合叶的 2. 前叶的 3, 4. 上叶的 5. 穿入叶的 6. 前、上复合叶的 7. 前、上叶的

4. 蚯蚓的口部

蚯蚓身体前端第一节称为围口节。围口节的前面是一个肉质的叶状突起，称为口前叶。口前叶上无颚和齿，富有感觉的功能。口前叶具有多种类型，主要有合叶、前叶、前上叶、上叶、穿入叶、复合叶等6种（图 2~5）。合叶是由口前叶和围口节连为一体的，而与围口节截然分开的为前

叶，口前叶稍伸入围口节的为前上叶，伸入围口节超过一半以上的为上叶，全部穿过围口节的为穿入叶，介于前叶和上叶之间的为复合叶。口前叶是蚯蚓在前进或摄食的掘土、触觉、嗅觉和摄取食物的器官。蚯蚓的口部位于围口节主体与口前叶相接的腹面。一般水栖蚯蚓有眼和吻，而陆栖蚯蚓由于长期生活在黑暗的泥土中，因此眼和吻已经退化。

5. 蚯蚓的刚毛 蚯蚓的体表有刚毛，刚毛的数目、排列方式因品种不同而有所差异。水栖蚯蚓刚毛较长，而陆栖蚯蚓则刚毛较短。一般每个体节有一对侧刚毛束或背侧刚毛束及一对腹刚毛束，它们代表着多毛类疣足的背、腹叶遗迹。每束刚毛的数目为1~25不等。大多数水、陆栖蚯蚓刚毛的数目是8根，成4束。每两根为一束，这种排列称为对生刚毛，如正蚓。也有的品种刚毛数很多，每节几十个，环绕体节分布，这种排列称为环生刚毛，如环毛蚓。刚毛的形状因品种不同而存有差异，大多为毛状、钩状、叉状和S状（图2－6）等。刚毛是由体壁中表皮细胞形成的刚毛囊分泌的。刚毛囊有伸肌及缩肌控制其运动（图2－7)。每个刚毛囊可分泌一根或一束刚毛，刚毛脱落后可重新分泌形成。

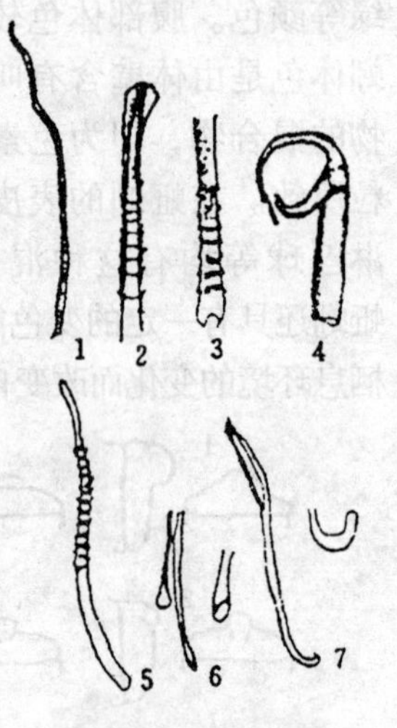

图2－6 几种蚯蚓的生殖刚毛

1. 林管蚓 2. 毛蚓 3. 三巨蚓 4. 真蚓 5. 马特兰真重胃蚓 6. 重胃蚓 7. 短仙女虫

刚毛是体壁运动的附属器官，主要由刚毛、刚毛囊和刚毛肌肉组成。刚毛是由刚毛囊的细胞分泌而成，其主要成分是几丁质。刚毛肌肉由牵引肌、缩肌组成，它们可以交替伸缩，使刚毛伸出或缩入体壁。

6. 蚯蚓的环带　环带是蚯蚓在性成熟以后，身体前部体节出现一个稍稍隆起的环节。环带一般分为环形和马鞍形两种。环带是性成熟的标志（图 2-8），因此又称之为生殖带。环带的颜色一般都浅于体色。有的蚯蚓随生殖期过后环带自行消失或不明显，有的蚯蚓环带出现后不再消失。环带处有雄性孔、雌性孔等开口。环带一般分为三层：表层为黏液细胞，交配时黏液细胞的分泌物形成束缚体的细长管；中层为大颗粒腺细胞，其分泌物形成蚓茧膜；里层为细颗粒细胞，其分泌物形成蚓茧内的蛋白液。因此，环带与蚯蚓交配、受精、产茧以及茧内受精卵的发育都有着密切的联系。

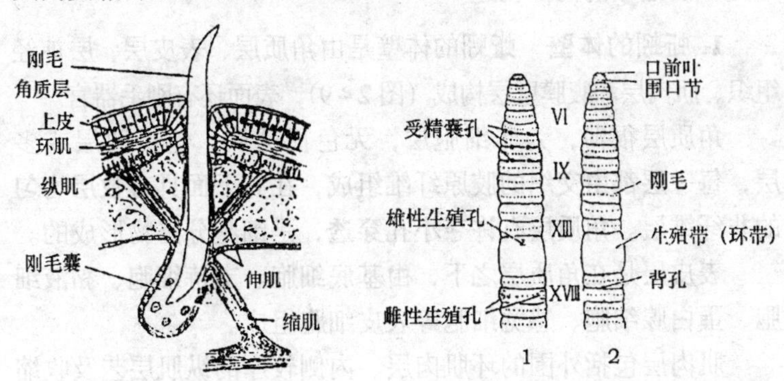

图 2-7　蚯蚓刚毛囊的矢状切面

图 2-8　环毛蚓前端外形图
1. 腹面观　2. 背面观

7. 体表孔　在蚯蚓的体表有许多开孔，如背孔、头孔、肾孔、雄性生殖孔、雌性生殖孔、受精囊孔等，这些分布在蚯蚓体表的不同开孔，有着不同的功能。

背孔是陆栖蚯蚓背中线上许多节间沟中的小孔，与体腔相通，能排出体腔液，起到湿润蚯蚓的身体表面，防止体表干燥。背孔平时紧闭，当遇到干燥、刺激或在土壤中钻洞时，为了保护体表，背孔就会自然张开，流出体腔液，润湿身体表面。

头孔与背孔较相似，它位于口前叶和围口节的交界处。

肾孔是肾管的向外开口处，起排泄代谢物的作用。背孔多位于身体腹面的两侧，每节一般都有一对肾孔。

雄性生殖孔是输精管通向体外的开口，雌性生殖孔是输卵管通向体外的开口，受精囊孔是受精囊的开口，当蚯蚓交配时，对方的精液由此孔流入受精囊内贮存。

二、蚯蚓的内部构造

1. 蚯蚓的体壁 蚯蚓的体壁是由角质层、表皮层、层神经组织、肌肉层和腹膜壁层构成（图2-9），表面还有刚毛器官。

角质层很薄，为非细胞层，无色而透明，包括两层或多层，每一层都由交织的胶原纤维组成，在其下面具有数层均匀的非纤维层。角质层有许夺小孔穿透，是细胞分泌物形成的。

表皮层是在角质层之下，由基底细胞、支持细胞、黏液细胞、蛋白腺细胞、感觉细胞等表皮细胞组成。

肌肉层包括外围的环肌肉层、内侧较厚的纵肌层艺及收缩性能比环肌更强的斜纹肌。它的交织有序地分布在疏松的结缔组织里。蚯蚓就是依靠这些肌肉的协同伸缩，使体壁运动以及消化道、心脏等内部器官蠕动或受压。

腹膜壁层是体壁纵肌层内侧的一薄层细胞、体壁肌肉和腹膜壁层一起构成。

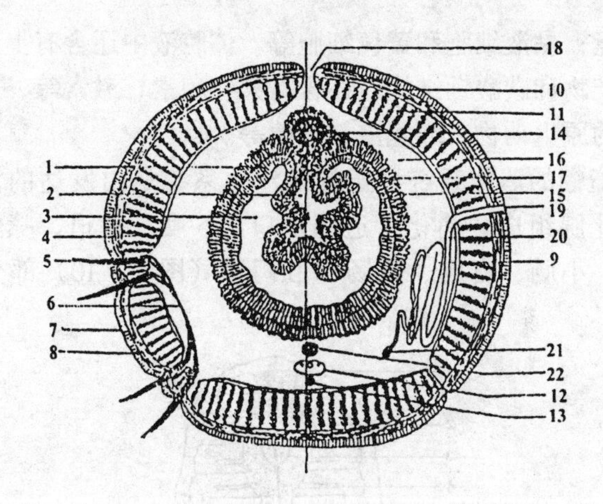

图 2-9　蚯蚓的横切面

1. 肠上皮　2. 盲道　3. 肠腔　4. 腹腔壁层　5. 刚毛　6. 刚毛牵引肌　7. 角质层　8. 表皮层　9. 肾管环　10. 体壁环织肌层　11. 体壁纵肌层　12. 腹神经索　13. 神经下血管　14. 背血管　15. 黄色细胞　16. 体腔　17. 肠壁肌肉层　18. 背孔　19. 肾孔　20. 肾管　21. 肾口　22. 腹血管

2. 蚯蚓的真体腔　脏壁肌肉和腹膜脏层一起组成了脏壁层。体壁层和脏壁层之间所围成的空腔称为真体腔。真体腔内充满体液，含有各种内部器官。蚯蚓的体腔被隔膜分成若干小室，隔膜上有由括约肌控制的小孔，体腔液可通过这些小孔运送到相邻的体节中。蚯蚓的肌肉、体腔和体腔液构成一个完整的系统，对于蚯蚓的运动、掘洞、取食、繁殖、逃敌等有着重要的作用。

蚯蚓的体腔液多为乳白色黏性的液体，其中含有大量的水分和悬系着的各种细胞及一些颗粒。这些细胞有：吞噬细胞，因其形状不定又称为阿米巴细胞；淋巴细胞，有充足的液泡，形同圆盘；黏液细胞和黄色细胞等。体腔液中还含有上述细胞的代谢产物和碳酸钙结构，还含有某些酶素、激素等，有时还有寄生的原生动物，如丝虫、细菌等。

3. 蚯蚓的消化系统 蚯蚓的消化系统是由发达的消化管道和消化腺组成。消化管道即由口腔、咽、食道、嗉囊、砂囊、胃、小肠、盲肠、直肠和肛门等（图 2－10）部分所组成。

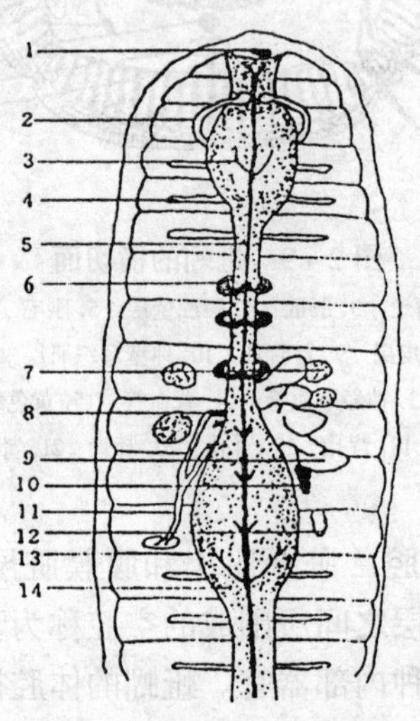

图 2－10 蚯蚓的消化系统（Lin 等）

1. 口 2. 脑神经 3. 咽 4. 肾管 5. 背血管 6. 假心脏 7. 受精囊 8. 精巢 9. 贮精囊 10. 卵巢 11. 输精管 12. 输卵管 13. 嗉囊 14. 砂囊

口腔和咽构成了蚯蚓的取食过程，口腔是口内侧的膨大处，较短，位于围口囊的腹侧，只占有第一或第一至第二体节。腔壁很薄，腔内无颚和牙齿，不能咀嚼食物，但有接受和吸吮食物的功能。口腔之后为咽（图 2－11），咽壁有较发达的肌肉层，形成球状，有泵的抽吸作用。蚯蚓及管盘虫等在咽壁上还有大量的肌肉纤维连接到体壁上，以至形成一肌肉质盘，包在咽的周围，以增强其抽吸作用。咽壁内有发达的单细胞腺体，它所分泌的黏液可使食物颗粒粘结，其中含有蛋白酶可对食物进行初步消化。

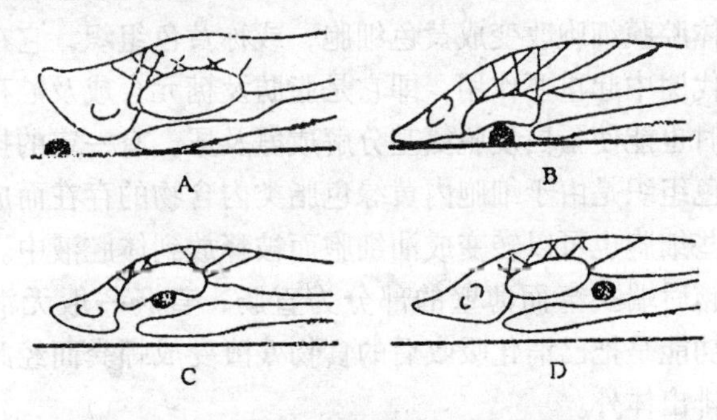

图 2－11 蚯蚓的咽及取食过程

咽的后面为窄长的管状食道，在食道上有一对或几对钙腺位于食道两侧，是由食道壁内陷形成的一种腺体，它可分泌钙质，以减少体内随食物进入的过多的钙，并通过控制离子的浓度以维持体液与血液的酸碱平衡。

食道之后形成嗉囊及砂囊，嗉囊是一个薄壁的囊，用于暂时贮存食物，有的种类嗉囊不发达或不明显。砂囊是一个厚壁的囊，内表面有一层厚的几丁质层，用于研磨食物成为细粒。

砂囊之后为管状的胃，胃上有丰富的血管及腺体，能分泌淀粉酶和蛋白酶，因此胃是蚯蚓的重要消化器官。

胃之后是小肠，是一段膨大而长的消化管道。小肠管壁较薄，最外层为黄色细胞形成的腹膜脏层，中层外侧为纵肌层，内侧为环肌层，最内层为小肠上皮。肠的前端上皮细胞能分泌纤维素酶和蛋白酶等多种酶类消化液，消化和吸收营养物质，并由血液送至全身。小肠沿背中线凹陷形成盲道（或盲肠）。盲肠在第26节处，盲肠内有发达的腺体，在小肠内未被消化和吸收的营养物质，在盲肠内得到进一步的消化和吸收。肠壁的外周体腔膜细胞改变成黄色细胞，或称黄色组织，它在物质的中间代谢中起重要作用，即它是脂肪及糖元合成及贮存的中心，同时也能使蛋白质脱氨基分解成氨及尿，有一定的排泄作用。黄色组织是由于细胞内黄绿色脂类内含物的存在而成为黄色，这些细胞也可以转变成油细胞而被释放到体腔液中。

小肠后端狭窄而薄壁的部分为直肠，直肠一般无消化作用，其功能是把已消化吸收后的食物残渣变成蚓粪而经此通向肛门，排出体外。

4. 蚯蚓的循环系统 蚯蚓有完整的封闭管式的血液循环系统。蚯蚓的血管主要分为：消化道背面的背血管、消化道腹面的腹血管和神经下血管（图2－12）。

背血管的管壁肌肉比较发达，管内尚有瓣膜，靠其波状收缩，迫使血液由后向前流。背血管及心脏决定着血液的流向，背血管中的血液流到身体前端后，一部分血液分布到食道、咽、脑等处，大部分血液经过4对心脏流入腹血管。心脏中有瓣膜，可以有节奏地跳动，起着控制血液流向的作用。腹血管不具有搏动的功能，其血液在腹血管内由前向后流动，在每个体节中腹血管都有血管分支，分布到体壁、肠道及肾管等处，在那里形成微血管网。经过气体及物质的交换之后，前14节的血液流入消化道两侧的食道侧血管，14节之后经交换后的

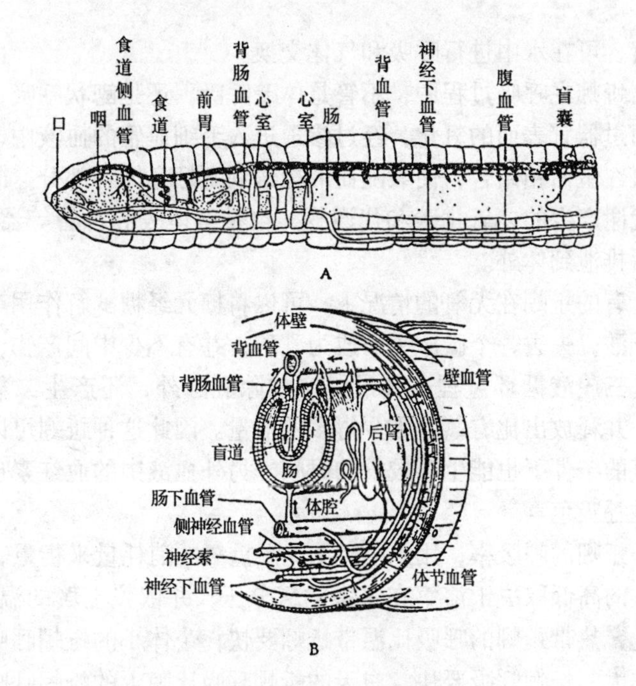

图 2－12 环毛蚓的循环系统

A. 侧面观 B. 过肠道横切面

血液流入腹神经之下的神经下血管。食道侧血管与神经下血管是相连的，血液也是由前向后流。神经下血管中的血液再通过每节一对的壁血管流回背血管，背血管也接受肠血管的血液。如此循环，完成物质的传递功能。

5. 蚯蚓的呼吸系统 蚯蚓大多没有专门的呼吸器官，而是由于体表分布的大量微血管网，在皮肤潮湿的情况下，获得氧气，排出二氧化碳，进行气体交换。有些水栖蚯蚓具有鳃状器官，可在水中进行呼吸和气体交换。

蚯蚓在呼吸过程中，不管是体壁呼吸，还是鳃状呼吸，都是通过器官表面的氧化，经过渗透进入毛细血管的血液中，氧与血红蛋白相结合，使氧随血液运送到蚯蚓身体各部分。同时经代谢产生的二氧化碳和代谢物，也带至体表和肾管等器官，最后排泄到体外。

有的蚯蚓在无氧的情况下，可以将糖元经糖酵解作用产生丙酮酸，失去一个碳原子而成为乳酸，并有不少中间产物，不经过三羧酸循环过程，其最终产物除乳酸外，还产生二氧化碳，并释放出比有氧呼吸少得多的能量。因此这种蚯蚓可以在无氧的条件下也能生存较长的时间。另外血液中的血红素也是一种呼吸色素。

蚯蚓的呼吸率，用 1 小时 1 克湿重氧的消耗量来衡量，呼吸率的高低取决于溶解在水中的氧分压，并依赖土壤的温度。因此，热带蚯蚓的呼吸比温带蚯蚓要快，个体小的蚯蚓呼吸比个体大的蚯蚓呼吸要快，白天的蚯蚓呼吸比晚上的蚯蚓呼吸要快。

6. 蚯蚓的排泄系统　蚯蚓的排泄系统是由多个肾管组成，除前 3 节和最后 1 节外，每一节都有一对肾管，也称为后肾。后肾实际就是蚯蚓的排泄器官，其出口为漏斗状带纤毛的肾口(图2－13)。肾管很长，每节的肾管穿过体节后端的隔膜后盘旋，在肾管周围有腹血管分出的血管网包围，肾管的后端变粗形成膀胱。肾管具有过滤、吸收和化学转化的特殊功能。后肾主要通过肾口在体腔中收集代谢产物，同时由于血管网的包围也能主动收集来自血液中的代谢产物，回收有用的盐离子及水分。

此外，蚯蚓还通过体表、消化道及肠上排泄管的开口，直接或间接地把代谢所产生的含氮废物连同一部分水和无机盐等物质，以尿液的形式排出体外。同时黄体细胞、肾孔、体壁黏液细胞等也参与了含氮废物的排泄。

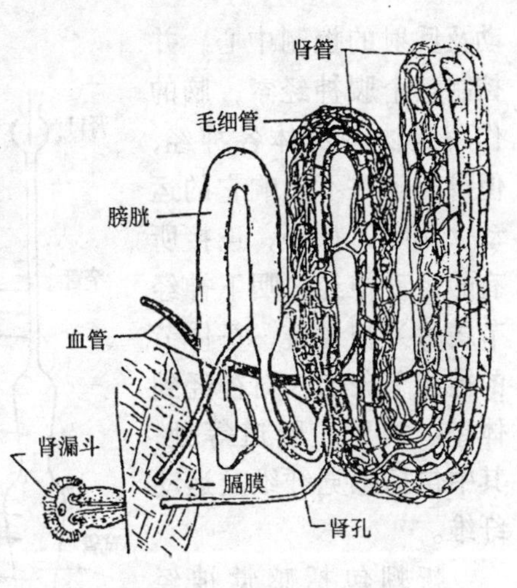

图 2－13 蚯蚓的后肾

肾口连着一条较长的后膈膜管道，明显地分为三部分，即窄管、宽管、膀胱等。膀胱开口于肾孔，把废物排出体外（图 2－14）。

蚯蚓的排泄物分液态和固态。液态废物的排泄是由上面所述的肾管完成的。固态废物则由在蚯蚓中肠的黄体细胞来完成的。黄体细胞除了积蓄后备营养物质外，还具有排除循环的血液、体腔液和在新陈代谢中产生的废物的能力。黄体细胞经常脱落进入体腔，然后和体腔液一起通过背孔排出体外。

7. 蚯蚓的神经系统 陆栖蚯蚓，因长期穴居地下生活，它的脑和感觉器不太发达。蚯蚓没有眼睛，也没有听觉器官，它对周围环境变化的反应，是完全依靠蚯蚓表面大量的感觉神经细胞来完成的。

蚯蚓的脑位于第三体节咽的背面（图 2－15），由脑发出神经到口前叶及口腔等，在围咽神经环及腹神经索连接处形成咽下神经节，由此发出神经到前端体壁上。咽下神经节是其运动及反射的控制中心，并控制整个腹神经索，脑的作用是协调身体各神经，但没有脑并不影响它的运动。而咽下神经，连接所有的运动神经。咽下神经节之后为神经链，每体节的神经节分出3对神经到体壁、内脏、肠道等处，其中包括感觉纤维及运动纤维。

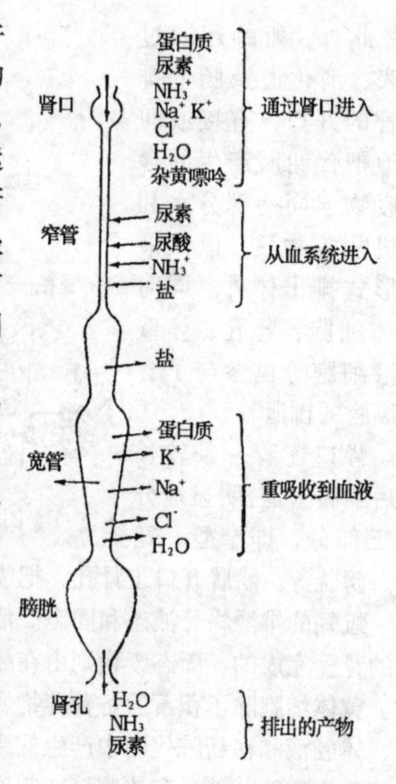

图2-14 后肾的排泄机理

蚯蚓包括感觉神经元、联络神经元和运动神经元等三种神经元，具有简单的反射弧。感觉神经元，其细胞体位于体壁表皮细胞中，它感受刺激后经神经纤维到达中枢神经节内；联络神经元，其整个细胞均在神经节内，它接受感觉神经传入的冲动，再传递到运动神经元；运动神经元，细胞体位于中枢内，其神经纤维传出冲动到效应器，如肌肉、腺体等。上述三种神经元是通过突触传递，并不是直接接触的，这种感觉细胞感受刺激使效应器产生反应，如肌肉收缩或腺体分泌就是一个反射。一个体节的收缩可通过反射作用引起相邻体节的收缩，以致形成部分体节的收缩波。

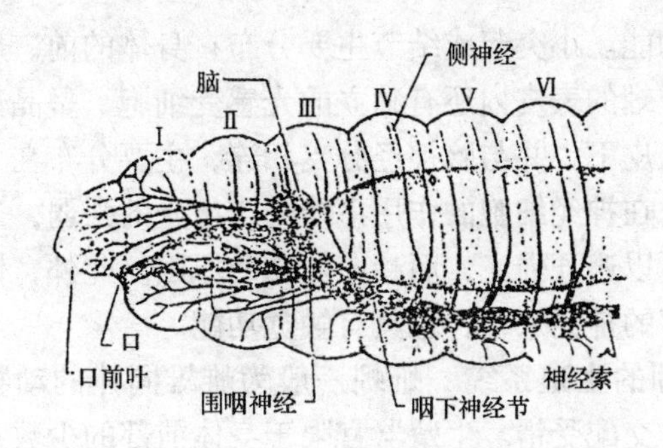

图 2－15　蚯蚓的神经系统中脑的部位

蚯蚓在神经索中有巨大神经纤维，3 条比较显著，另外还有 2 条不太明显，巨大神经纤维位于神经索的中背部，中间的一条巨大神经向尾端传导冲动，两侧的两个巨大神经纤维向头端传导冲动。不太明显的两条，左右分开，位于神经索的中腹部。巨大神经的传导冲动速度为 600 米/秒是人类神经传导速度的 5 倍（人类神经传导速度为 120 米/秒），因此当蚯蚓身体的任何一点受到刺激，通过巨大神经纤维的传导都可引起所有体节同时收缩，以迅速逃避于穴中隐藏起来。

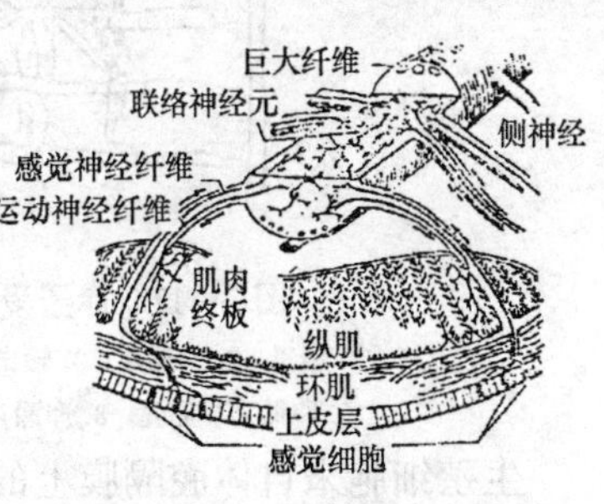

图 2－16　蚯蚓感觉细胞中的神经支配

蚯蚓的体表感觉器官是通过在皮肤表面形成的小突起，或成堆的感觉细胞形成一结节（图 2－16）来完成的，并伸出长的突起到体表，这种感受器可能有触觉及化学感觉的功能。小突起或结节主要分布在身体的前、后端及腹面两侧。蚯蚓的表皮内还有独立的光感受细胞，呈晶体状，具突起进入上皮下，并与脑神经分支相连，主要分布在头、尾两端的背面，在神经细胞的作用下能分辨出光的强弱，这就是为什么蚯蚓可以避开强光，而趋向弱光的原因。此外，体壁上还分布有丰富的神经末稍，也具有触觉功能。

8. 蚯蚓的生殖系统　蚯蚓一般为雌雄同体的动物，但大多数为异体交配受精。生殖器官限于身体前部的少数几个体节（图 2－17），包括雄性和雌性器官以及附属器官、受精囊、生殖环带和其他腺体结构。

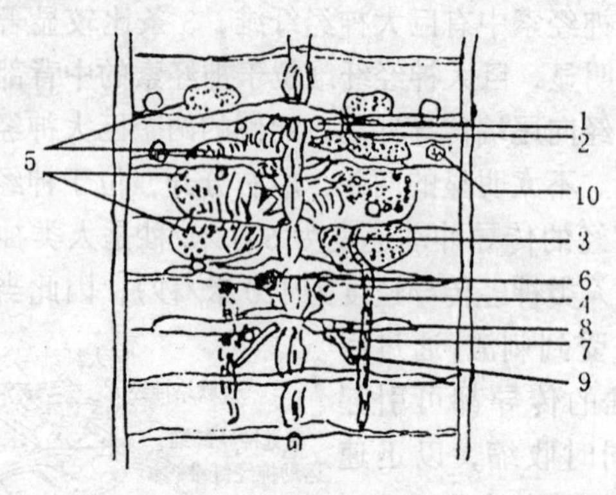

图 2－17　赤子爱胜蚓的生殖系统

1. 精巢　2. 精漏斗　3. 输出管　4. 输精管　5. 贮精囊
6. 卵巢　7. 卵囊　8. 卵漏斗　9. 输卵管　10. 受精囊

生殖细胞来自体腔隔膜上的上皮细胞，例如环毛蚓具有两对精巢囊，分别位于第 10、11 体节内，每对精巢囊的后方各有一对由体腔隔膜形成的贮精囊，位于第 11、12 体节内，并与精巢囊有小孔相通。

雄性生殖器官有精巢、精巢囊、贮精囊、雄性生殖管、前列腺、副性腺和交配器构成。蚯蚓的精巢一般为一对，也有两对精巢的，贮精囊内发育着的精细胞，并充满了营养液。精巢囊和贮精囊相连处为发育着的精细胞的贮存囊，精子或漏斗囊都进入体节的后壁，精漏斗有很多褶。开口于雄性管或输入管即体外雄孔，前列腺与输精管后端相连，受精囊成对。雌性生殖器官由卵巢、卵囊、卵巢腔、雌性生殖管和受精囊构成。卵巢产生卵，其后开口于卵漏斗的背壁，其狭窄的后部形成输卵管，开口于体腹面，一般生殖带由厚的腺体表皮组成，特别是背部和侧部是三层腺体细胞〔黏液腺、卵茧分泌腺和白蛋白腺〕组成，能分泌一种黏稠物质，可形成黏液管和蚓茧。

第二节　蚯蚓的种类和特征

世界上蚯蚓的种类繁多，差异也比较大，就我国而言，蚯蚓的资源也比较丰富，但因生活环境不同，使其生态上有很大的区别。

一、蚯蚓的分科

我国的蚯蚓主要分为 4 个科。

1. 正蚓科　正蚓科的蚯蚓为雌雄同体，雄性生殖孔在第 15 节，雌性生殖孔在第 14 节。环带在两性生殖孔后方，呈马鞍形，背侧比腹侧稍大，有砂囊一个。体长一般在 10 ~ 20 厘米之间。目前已知的有异唇属、双胸属、爱胜属和枝蚓属等，分布于我国各地。

2. 链胃科　链胃科蚯蚓也为雌雄同体，但两性生殖孔均包在环带范围内，无背孔。呈链状的砂囊 2 个或 2 个以上。体长一般在100厘米以上。目前已知的有杜拉属和合胃属等，主要分布于苏州、无锡一带。

3. 巨蚓科 巨蚓科蚯蚓也为雌雄同体，但有背孔，环带从第15节开始呈环形，在咽喉附近有一个砂囊。目前已知有7个属107个种，主要分布于南方地区，但北方也有少部分地区分布。

4. 舌文科 舌文科蚯蚓也为雌雄同体，但无背孔。目前已知有1属1种，主要分布于海南省。

二、蚯蚓的常见品种

1. 湖北环毛蚓 *Pheretima hupeiensis* Micharlsen 1895

湖北环毛蚓属巨蚓科，体长一般在70～222毫米之间，体宽3～6毫米，体节有110～138个。刚毛环生，身体背部为草绿色，背中线颜色较深，腹面为青灰色，环带为乳黄色。环带位于14～16节，共占用3节。在18节上有雄孔1对。两个雄性生殖孔比较靠近，就在两个雄性生殖孔之间的前后节间沟上还有一对大的椭圆形的乳头突起。在14节上有雌孔1个。在3～9节之间，有受精囊1～6对。盲肠锥状。贮精囊、精巢和精漏斗在所在体节内被包裹在一大膜质囊中，背、腹两面相通，无精巢囊，前列腺发达。副性腺圆而紧凑，附着在体壁上。受精囊为狭长形，末端稍膨大（图2－18）。

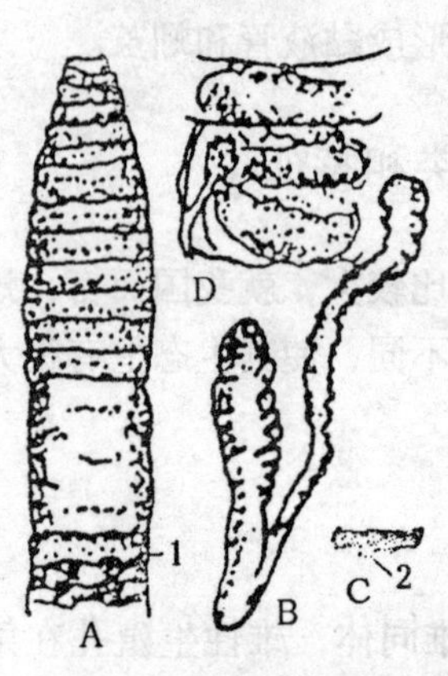

图2－18 湖北环毛蚓前端腹面观（仿陈义）

A. 前端腹面观 B. 受精囊 C. 受精囊孔 D. 雄性生殖器内部观

1. 雄孔 2. 受精囊孔

主要分布在湖北、四川、福建、北京、吉林以及长江下游各省。

2. 威廉环毛蚓　*Pheretima guillemi* Michaelsen 1895

威廉环毛蚓属巨蚓科。体长一般在 100 ~ 250 毫米之间，体宽 5 ~ 12 毫米，体节有 80 ~ 156 个。体上刚毛较细，前端腹面刚毛疏稀。身体背面为青黄色或灰青色，背中线为深青色。环带位于 14 ~ 16 节，共占用 3 节，呈戒指状，在环带的腹面没有刚毛。在 18 节腹面两侧的一个浅的交配腔里有雄性生殖孔一对。由于这个交配腔常下陷进去，因此形成了一条纵的缝。在 14 节腹面的正中央有雌性生殖孔一个。在腹侧面 6/7 节、7/8 节和 8/9 节节间沟里小横裂缝中的一个小突起上，分别有 3 对受精囊。盲肠简单。受精囊的盲管内端 2/3 在平面上，左右弯曲，为纳精囊。

主要分布在湖北、江苏、浙江、安徽和河北等地。

3. 赤子爱胜蚓　*Eisenia foetida sarigng* 1826

赤子爱胜蚓属正蚓科。体长一般在 30 ~ 190 毫米之间，体宽在 3 ~ 5 毫米，体节有 80 ~ 110 个。身体一般为紫色、红色、暗红色或淡红色等，在每个节间沟的地方是白色。身体上呈现横的颜色和白色相间的条纹。刚毛在每个体节上有 4 对。背孔自 4/5 节开始。环带位于第 14 节、15 节、16 ~ 17 节。性隆背位于 28 ~ 30 节。雄孔在 15 节，有大腺乳突。贮精囊 4 对，在 9 ~ 12 节。开口于 9/11 节和 10/11 节间背中线附近的受精囊有 2 对，呈管状（图 2 – 19）。

主要分布在江苏、浙江、上海、四川、天津等地。

4. 背暗异唇蚓　*Allolobophora traptzoides* Duges 1828

背暗异唇蚓属正蚓科。体长一般在 80 ~ 140 毫米之间，体宽在 3 ~ 7 毫米，体节有 93 ~ 169 节。身体颜色多样，环带呈棕红色，环带后到末端由浅变深，呈蓝、红等颜色，身体背面多为灰褐色，腹面的颜色浅一些。刚毛在每个体节上紧密对生着4对。背孔自12/13节开始。环带位于27节、28～33节、34节。在15节两侧的裂缝中有雄性生殖孔1对。在14节的腹侧有针眼状雌性生殖孔1对。在9～12节处有4对贮精囊，在9/11节和10/11节间有两对受精孔（图2－20）。

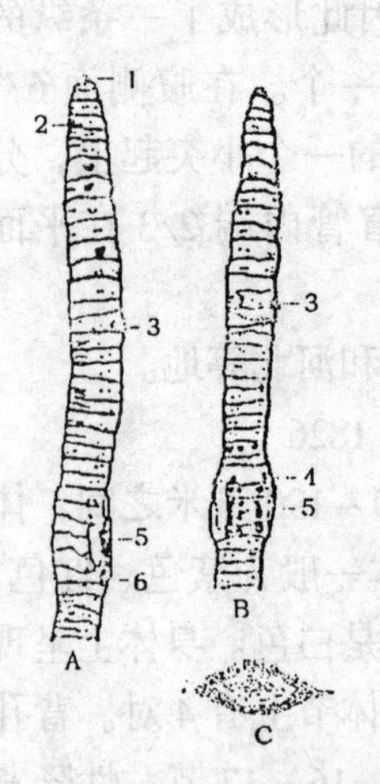

图2－19 赤子爱胜蚓（仿Reynids等）
A. 侧面观 B. 腹面观 C. 卵包
1. 口前叶 2. 背孔始位
3. 雄孔 4. 生殖隆起
5. 性隆脊 6. 环带

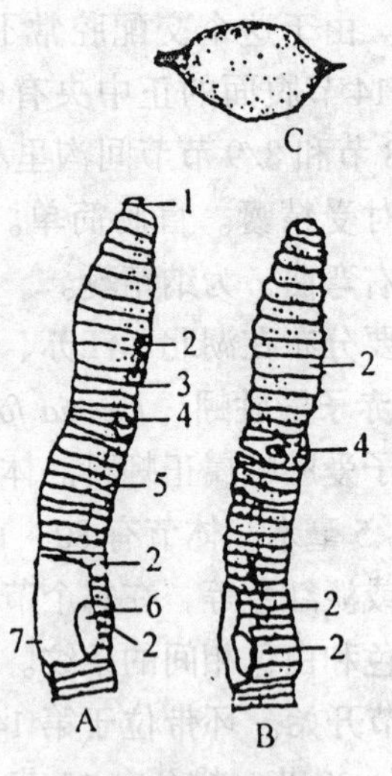

图2－20 背暗异唇蚓（均仿Reynlod和Dindal）
1. 口前叶 2. 生殖隆起
3. 背孔始位 4. 雄孔
5. 贮精沟 6. 性隆脊 7. 环带

主要分布在我国各地。

5. 红色爱胜蚓 *Eisenia rosea savigng* 1826

红色爱胜蚓属正蚓科。体长一般在 25～85 毫米之间，体宽在 3～5 毫米，体节有 120～150 个节。身体呈圆柱形，但在环带区稍扁一些。体色为玫瑰红色或淡灰色。刚毛紧密对生。背孔自 5～6 节间开始。环带位于 25 节，26～32 节，性隆脊通常位于 24～31 节。雄孔在 15 节，有隆起的腺乳突，与雄性生殖隆起一起延伸到 14～31 节。贮精囊在 9～12 节，共有 4 对。受精囊开口于 9～10 节和 10～11 节间背中线附近，有 2 对（图 2－21）。

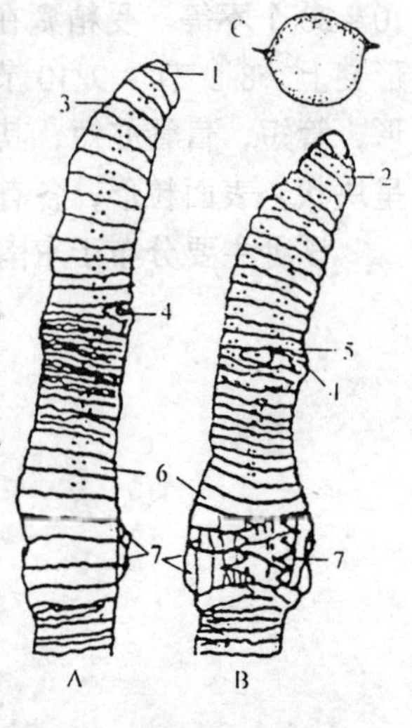

图 2－21 红色爱胜蚓
（仿 Reynolds 等）
A. 背侧面观 B. 腹侧面观
C. 卵包 1. 口前叶
2. 围口节 3. 背孔始位
4. 雄孔 5. 生殖隆起
6. 环带 7. 性隆脊

目前，人工养殖的大平二号蚓，是日本研究人员用美国的红蚯蚓与日本的花蚯蚓经杂交选育而成，实际也属爱胜蚓，和红色爱胜蚓有很多共同之处。

主要分布在华北、华南等地区。

6. 参环毛蚓 *Pheretima aspergillum perrier* 1872

参环毛蚓属巨蚓科。体长一般 115～400 毫米，体宽 6～12 毫米，体节有 118～150 节。身体前面较深一些，后面较浅一些，背部颜色较深一些，腹部颜色较浅一些，整个身体呈紫灰色，刚毛圈为白色。刚毛粗状。背孔自 11～12 节间开始。雄孔在18节腹面两侧的一个小突起上，有1对，外缘有数个环绕的浅皮褶，内侧刚毛圈隆起，前后两边有横排小乳突，每边10~20个不等。受精囊在7/8~8/9节间，间沟内的一个椭圆形突上。8/9节~9/10节间缺少膈膜。盲肠简单。受精囊袋形，管短，盲管亦短，其中2/3微弯曲为纳精囊。每个副性腺呈块状，表面粒形，各有一组索状管连接乳突。

该种主要分布于东南沿海以及四川等地。

第三章　蚯蚓的生活习性

第一节　蚯蚓的运动性

蚯蚓作为一种动物，其运动方式有其特殊性，是由蠕动收缩来完成运动的。

一、蚯蚓的运动方式

蚯蚓在运动时，几个体节成为一组，一组内的纵肌收缩，环肌舒张，体节则缩短，同时体腔内压力增高，这时刚毛伸出已附着（图3－1）。而相邻的体节组环肌收缩，纵肌扩张，体节延长，体腔内压力降低，刚毛缩回，使身体向前或向后运动。整个运动过程，由每个体节组与相邻的体节组交替收缩纵肌与环肌，使身体呈波浪状蠕动前进。蚯蚓每收缩一次一般可前进2～3厘米，收缩的方向可以反转，因此可做倒退的运动。

二、蚯蚓运动的主要器官

蚯蚓的运动主要是由体壁、刚毛和体腔等3部分来完成。

1. 体壁　当体壁得到运动的指令以后，首先体壁的体节进行分组，一组使体壁固定附着在某物体上；另一组体壁收缩，使体壁变短后并固定，而前面一组向前延伸，固定附着后，后面一组再向前收缩。因此，蚯蚓的运动实际上是体壁收缩蠕动的结果。

2. 刚毛　刚毛使体壁固定附着，相当于人的手，当需要

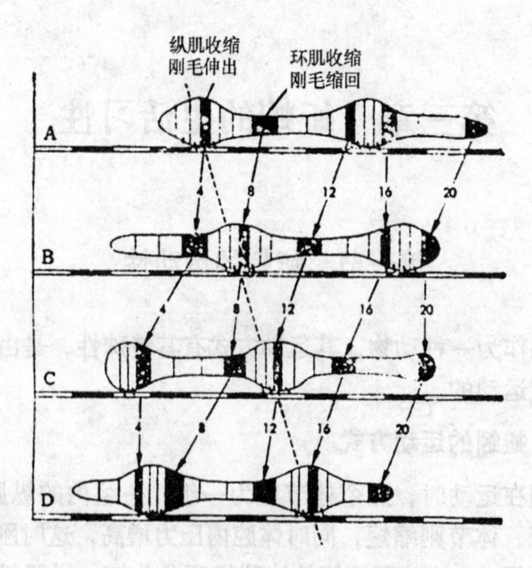

图 3－1　蚯蚓的运动（图中数字表达体节数）

固定附着时，刚毛则从体壁的刚毛囊内伸出，而当体壁需要前进时，则刚毛可收回到刚毛囊内。因此，如果没有刚毛，蚯蚓的体壁不能完成收缩，而无法前进（或后退）。

3. 体腔　体腔内由体腔液组成，蚯蚓通过控制体腔液的流动，使体腔内不同部位的压力发展变化，来迫使体壁的收缩，因此体腔是协助蚯蚓运动的完成。

第二节　蚯蚓的生活史和再生性

一、蚯蚓的生活史

蚯蚓的生活史是蚯蚓一生中所经历的生长发育及繁殖的全

部过程。其中包括蚯蚓达到性成熟后产生的精子和卵子，经交配后形成受精卵，受精卵在卵茧中分裂、发育形成幼蚓，幼蚓生长到成熟后，又繁殖产卵，最后死亡。

蚯蚓从交配到产卵茧，卵茧孵化出幼蚓，幼蚓发育到性成熟后再交配至产卵茧称为一个周期。一个周期所需要的时间因品种不同和生活环境的差异也有很大的区别。一般赤子爱胜蚓需要 35～42 天，红色爱胜蚓也需要 35～42 天，而背暗异唇蚓需要 40～45 天。

二、蚯蚓的再生性

蚯蚓机体的一部分在受到损伤、脱落或截除后，又重新生长的过程称为再生。再生性是蚯蚓的一种特殊生命现象。蚯蚓的再生分为生理性再生和损伤性再生。生理性再生是正常生命活动中不断进行着的过程，而损伤性再生的能力因种类不同而存在着很大的差异。同时躯体后部的再生能力普遍高于躯体前部的再生能力，但蚯蚓再生后的体节一般不会超过原来未受伤时的体节。再生后一般躯体前部的再生部分和躯体其余部分一样宽，而躯体后部的再生部分比躯体其他部分要细一些，但随着时间的推移，会逐渐加宽。再生组织一般要 2～3 个月才能长满色素。

蚯蚓的再生性与腹部神经索及肠表面线状细胞有密切关系。当身体刚切断时，未受伤部分的线状细胞和体腔特殊的游离细胞将其中含有的糖原进行酵解，大量地转移到受伤区域，作为维持再生的能源。人们试验证明，损伤后 10 天，也就是再生进行了 10 天时，受伤部位的糖酵解要比正常组织高 80% 以上。如赤子爱胜蚓被切断后，每克体重的糖原由未切断时的

5毫克，下降到切断后的2.1毫克。当再生开始时，糖原含量每克体重只有0.2毫克，直到再生组织完成后2个多月，才能逐渐恢复到正常水平。同时，蚯蚓再生中受伤组织呼吸衰弱，但随着再生的完成而慢慢恢复正常。人们用背暗异唇蚓做试验，当蚯蚓后部切断后，肌肉组织的平均呼吸速度每100毫克体重每小时吸收7微升氧气，是正常时吸收氧气14微升的一半。随着再生组织的逐渐完善，其呼吸量逐渐增加，7天后可增加到11微升，以后几个星期才逐渐恢复到正常的功能标准。

蚯蚓的再生和温度也有密切关系，一般夏季的再生较快，最适宜的温度为20℃左右。同时生长中幼蚓要比成蚓再生能力要快一些。但如果切去具有性器官的体节，一般不会再生。

经过长期的试验证明，如果将蚯蚓一部分移植到另一个蚯蚓体上是可行的。但尾与尾相连接要比头与头相连接成功率要高得多。生殖器官的移植成功率也比较高。

第三节　蚯蚓对环境的要求

蚯蚓对环境的要求一般为温度、湿度、光照和通气以及酸碱度、盐度等。

一、温度

1. 温度对蚯蚓正常活动的影响　蚯蚓属于变温动物，即自身不能对体温进行调节。当外界温度升高时蚯蚓的体温就会增加，当外界温度降低时蚯蚓的体温也会随之下降，因此，蚯蚓的体温是随外界环境温度的变化而变化的。当外界温度高于35℃时，蚯蚓就会进入夏眠，当外界温度高于40℃时，蚯蚓就会出现死亡。当然不同品种的蚯蚓其耐高温也是有差异的，如使环毛蚓致死的高温为37～37.5℃，使赤子爱胜蚓和威廉环毛蚓的致死高温为39～40℃。即使是同一个品种的蚯蚓在不同的生长发育阶段也是有差别的。当外界温度低于5℃时，蚯蚓就会进入冬眠，当外界温度低于0℃时，蚯蚓就会出现死亡（图3－2）。

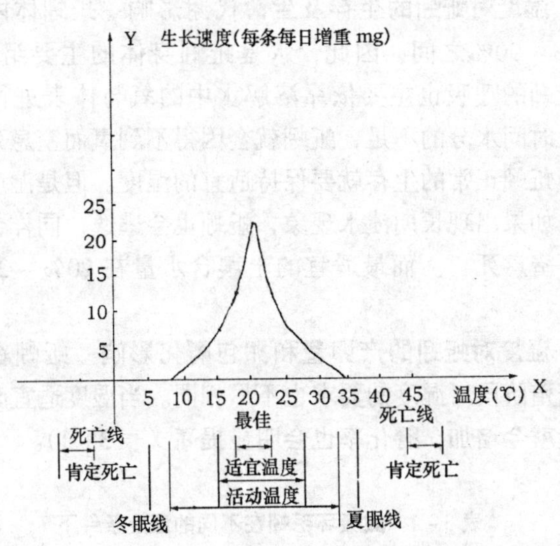

图3－2 蚯蚓在不同温度条件下的表现及生长规律

2. 温度对蚯蚓的生长繁殖的影响 适宜的温度是蚯蚓生长繁殖的必要条件，适宜的温度决定了蚯蚓的生长速度和繁殖的速度。通常情况下蚯蚓的活动温度在7.5～32.5℃之间，适宜的温度在15～27.5℃之间，最佳温度为20℃左右。因此外界温度在20℃时，蚯蚓普遍生长速度最快，产卵量最高。即使孵化中的卵包在不同的温度孵化的时间也不相同，如异唇蚓，当温度在20℃时，卵包孵化时间在35天左右，温度在15℃时，卵包孵化时间在50天左右，温度在10℃时，卵包孵化则需要100天以上。

二、湿度

1. 湿度对蚯蚓的生存及生命代谢影响 蚯蚓体内含水分在70%～90%之间，因此，水是蚯蚓身体的主要组成部分。同时蚯蚓的呼吸也主要依靠溶解水中的氧与体表进行气体交换，长时间水分的不足，蚯蚓就会因得不到氧而窒息死亡。因此要使蚯蚓正常的生存就要保持适宜的湿度。但是湿度也不能太高，如果出现长期渍水现象，蚯蚓也会逃逸，同样会因水分过高而窒息死亡。而最适宜的土壤含水量在20%～30%之间为宜。

2. 湿度对蚯蚓的产卵量和卵包孵化影响 蚯蚓在不同的生长繁殖阶段对湿度的要求也不尽相同。当湿度适宜时蚯蚓的产卵量就会增加，孵化率也会明显提高（表3－1）。

表3－1 威廉环毛蚓在不同的湿度条件下产卵和孵化情况表

湿度（%）	产卵量（包）	孵化率（%）	备 注
45	2	15	10条蚯蚓饲养10天的平均数
38	3	70	
28	2	88	
20	1	96	

对湿度的掌握应注意以下几个方面：一是不同季节的用水量。夏季需要降温，可适当增加用水量，应于每天的早晚各喷上 1 次水；冬季可适当减少喷水量，可掌握在每星期喷 2 次水；而春秋季节可掌握在 1～2 天喷 1 次水，露天养殖遇到雨天，可以不喷水，以防止水分过高。二是加强地面保护，夏季可在蚓床上盖上稻草等农作物秸秆，起到降温保湿的作用；冬季可在蚓床上覆盖塑料薄膜，起到保温保湿的作用。三是喷水应掌握"宁少勿多"的原则。当发现水分不足时可随时喷水，而不要一次喷水太多，可勤喷水，如果超过水分的适宜标准，就会造成蚯蚓不适。四是注意喷水用具，如喷雾器等不能被农药或有害物质污染，如果不了解以前是否被污染，则应先清洗干净后再使用。

三、光照

俗话说：万物生长靠太阳。蚯蚓也需要一定的光线，尽管它没有眼，但全身有感光细胞，对强光有负反应。而如果将蚯蚓长期置于无光线的黑暗防空洞内，蚯蚓会停止生长或生长缓慢，发育受阻。而如果在炽热的太阳光直射下蚯蚓则会脱水而死亡。蚯蚓的负趋光性，表现在怕太阳光、强灯光、蓝光和紫外光等光的照射，但蚯蚓不怕红光。因此，我们可以利用蚯蚓对光的特性，可在红光的条件下观察蚯蚓的生活习性，又利用其怕其他强光的特性，来驱赶蚯蚓集中以便于采收。

四、空气

蚯蚓的生长发育、繁殖都离不开空气。蚯蚓和其他动物一样，在呼吸系统循环中，吸入的是氧气，而呼出的是二氧化碳。虽然蚯蚓的耐二氧化碳的能力比其他动物强，但如果长期缺氧，也会造成蚯蚓的大批死亡。因此，大雨过后，由于泥土中缺氧，会出现蚯蚓纷纷爬出洞外。即使是正在发育中的卵包也需要氧气，如果用水量过大，也会因为缺氧而使胚胎发育不良而死亡。

五、基料

基料是蚯蚓所栖居的场所和食物的主要来源，因此，基料的条件对蚯蚓的生长有着直接的影响。

1. 基料的 pH 值对蚯蚓的影响 不同种类的蚯蚓其耐酸碱的程度有很大的差异。大多数的蚯蚓喜欢在酸碱度中性的条件下生活。有个别种类的蚯蚓耐酸性比较强，能在 pH 值为 5.3 的条件下生活；而有的种类蚯蚓比较耐碱性，可以在 pH 值超过 8 的环境中生活。我们根据蚯蚓耐酸碱度的不同，可以选择不同的用途。如耐酸性的蚯蚓可以用来处理城市垃圾，而耐碱性的蚯蚓可以用来对碱地土壤的改良等。

2. 基料中盐的浓度对蚯蚓的影响 蚯蚓不喜欢在含盐的养殖环境中生活，而在生产实践中，又不可能离开盐，这样我们在搭配基料时，要尽量避开含盐量较大的物质，为蚯蚓创造一个较为理想的生长繁殖的环境。对蚯蚓耐盐的程度，不同种类的蚯蚓也存有差异，经测定试验，盐的浓度在 0.8%时，蚯蚓就会陆续死亡；而盐的浓度在 0.6%时，大多数蚯蚓可存活 7 天以上，因此基料中的盐的总量要控制在蚯蚓能够适应的范围之内。

3. 基料中的有害气体对蚯蚓的影响 基料中的有害气体一般是指一氧化磷、氨气、氯气、硫化氢、二氧化硫、三氧化硫、甲烷等，这些气体释放在空气中，如果不能及时散发，也同样会对蚯蚓造成危害。如在配制基料时，需要农作物秸秆，而秸秆的氨化又要加入尿素，这就必然会产生氨气，经测定试验，基料中氨气的浓度超过 17 微升/升时，蚯蚓会大量分泌黏液，最后因中毒而死亡。其它如硫化氢的浓度超过 20 微升/升、甲烷气体的浓度达到 15%～20%时，都会造成蚯蚓中毒死亡。

第四章　蚯蚓的人工养殖方法

第一节　地理环境的选择和布局

一、蚯蚓的地理环境的选择

人工养殖蚯蚓的目的是要达到投入产出的最佳效益，尤其是规模化的蚯蚓养殖场，场地的选择就更加突出和重要。

1. 通风避阳　通风的目的就是要改变不适合蚯蚓生存的气候条件。如高压高热天气，没有通风做保证，蚯蚓就会窒息而死亡，尤其是地处我国的“火炉”地区，炎热的夏季如果没有通风设施，蚯蚓就很难生存。因此，养殖场地的选择应为通风较好的地方。但同时要注意秋末冬初北方寒流的袭击，应提前做好防霜、防冻等工作。

避阳即要防止阳光的直接照射，尤其是在夏季，炽热的阳光，不但地温提高较快，而且养殖土中的水分也会大量蒸发，这样就会给蚯蚓的生存造成威胁。采取的措施一般是栽种植物、或用遮阳网等方法。当然冬季人工养殖蚯蚓适当增加一些光照也是必要的。

2. 阴暗潮湿　阴暗的地方往往温度比较平衡稳定，适合蚯蚓的生长和繁殖。但要注意虽然要求阴暗，也不要黑暗，要有足够的散射光；虽然要求潮湿，也不要污浊，污浊的环境也不利蚯蚓的生存。

二、场地选择及植被布局

场地的选择和植被的布局直接关系到蚯蚓能否养殖成功，以及产量的高低和经济效益。因此，在选择合适的场地之后，使植被布局达到最佳状态。

1. 场地的选择　根据蚯蚓的生活习性和生长要求，养殖场应选择在僻静、温暖、潮湿、植物茂盛、天然食物丰富、没有污染等接近自然环境的地方。养殖地形最好是稍向东南方向倾斜，以便接受更多的阳光照射。水源注意建在排灌方便、不易造成旱涝灾害的地方。土质要选择柔软、松散并富含丰富的腐殖质的土壤为好。

2. 植被的布局　植被的优劣直接关系到养殖物生态环境的平衡，因此应引起足够的重视。

（1）地皮植被

地皮植被以矮小草木植物为主，以增加地表的含水率。有条件的还可栽植一些翡翠草、玻璃翠等多肉植物。注意种植一些多年生的植物，这样可以一次种植，多年收效。

（2）树木栽植

栽植的树种最好为常绿乔木为主，特别是中、小树种应全部选用长青树，如枇杷、塔柏、月月竹等。此外还应按照高矮不同，层次分开，其他落叶乔木可选择榆、杨、槐之类树木。夏季用于遮荫时，还可以选择一些果树，如桃、李、杏等。

第二节　养殖方式与设施

人工养殖的方法比较多样，但按养殖的场所划分，可分为室内养殖和室外养殖。

一、室内养殖

室内养殖蚯蚓虽然不受外界自然环境的影响，可以使蚯蚓常年生长繁殖。但室内养殖受建筑空间的限制，因此只适合小规模、试验性、用于繁殖种群培养以及蚯蚓越冬养殖等。

1. 箱、盆、筐式养殖法 小规模家庭式试验养殖，可取家中现成的容器，如旧脸盆、竹筐、塑料盒、塑料箱等。如果需要编制，可选择竹子、柳条、荆藤等软性好的材料，不能用含有树脂、酚油，如杉木、针叶木等做材料制作蚯蚓养殖容器。最常用的为塑料箱，上口长 49 厘米，下底长 43 厘米，高一般在 30 厘米左右，宽在 40 ~ 45 厘米之间，使用时直接铺上基料就可养殖，不用时清洗方便，不易变质。

2. 层架式养殖 层架式养殖实际是人工制作养殖盆，然后将养殖盆放入养殖架上，也可以直接将养殖盆一个压一个垒起来养殖，也可称为箱养殖的立体化。养殖盒可以直接定做塑料制品，也可以用木板自己动手制作，规格一般长 50 厘米、宽 40 厘米、高30厘米。盒底有排水孔，侧面应有通气孔，孔径以 0.5 ~ 1 厘米为宜（图 4 – 1）。为了搬动方便，在盒的两侧可设置手柄。

3. 立体式养殖床养殖

（1）制作养殖床隔板

养殖床隔板一般多采用水泥板制作，水泥板可用：水泥/河沙/石子 = 1/2/3 的比例配制，并在水泥板中间加一些 8# 铁丝，以增加水泥板的强度，水泥板一般长 100 厘米，宽 50 厘米，厚 5 厘米（图 4 – 2），一袋标准水泥可制作 6 ~ 7 块水泥板。

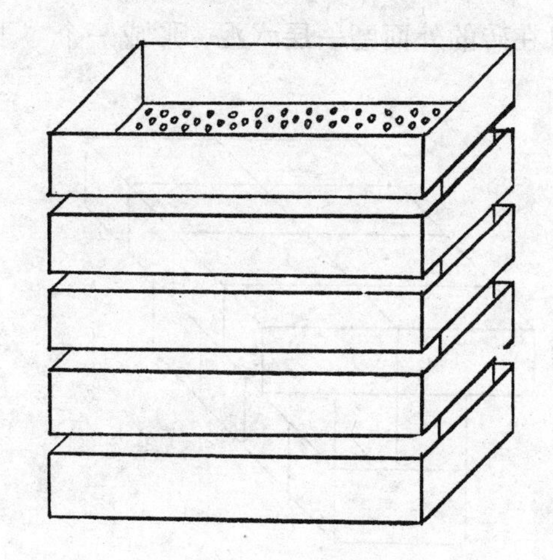

图 4－1 蚯蚓养殖盒

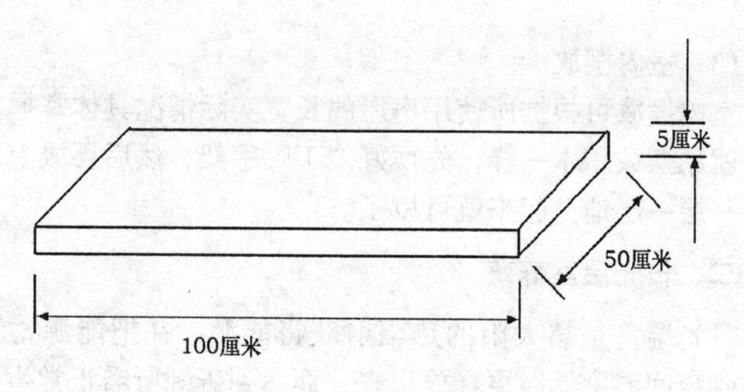

图 4－2 水泥板

(2) 制作“丁”字架

“丁”字架一般将砖平放使用，底下一砖，垒两层，上面两砖宽垒一层（图 4－3）。一般高 20 厘米，长 50 厘米。如果条件允许可以在砖的外面磨一层水泥，形成一个“丁”字长条。

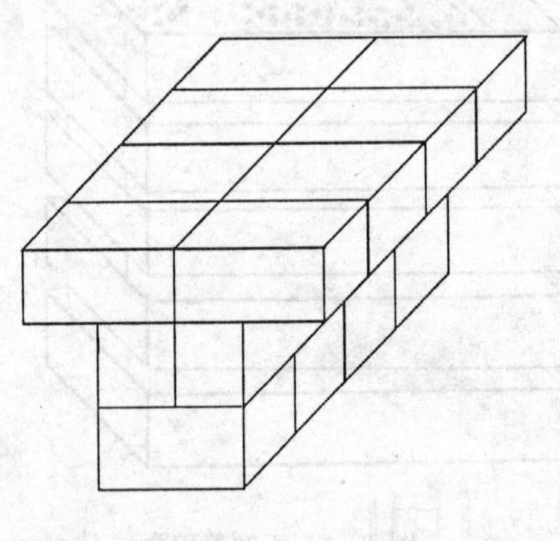

图 4－3 “丁”字架

(3) 室内摆放

室内摆放可根据所使用房屋的长宽实际情况具体掌握。摆放时就象摆放积木一样，先摆好“丁”字架，然后再放上水泥板，一层一层地垒起来就可以了。

二、日光温室养殖

日光温室是靠太阳的热辐射获得能源，并把能源蓄存起来，到夜间温度低时再释放出来，而达到蚯蚓所需正常生长繁殖的要求。我国幅员辽阔，而冬季南方与北方温度差距比较大，因此，南北建设的日光温室的要求就不可能一样。南方温度比较高一些，所建设的日光温室相对简单一些；而北方温度比较低，所建设的日光温室要能够抵御寒冷的天气，因此建设要复杂一些。根据不同地区的不同要求，下面介绍几种日光温室的建设，共大家参考。

1. 长江以南地区的类型 长江以南地区一般不需要有后墙，在结构建造上有竹木结构、水泥支柱竹木结构和钢筋混合结构等类型（图 4－4）。

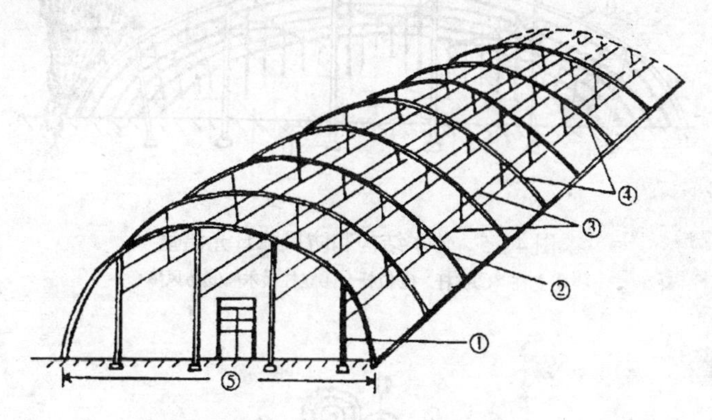

图 4－4 混合结构日光温室

①立柱 ②短柱 ③拉杆 ④竹子拱杆 ⑤宽 10～14 米

2. 长江以北黄河以南地区的类型 长江以北黄河以南的日光温室，主要是通过增设风障（图 4－5），来防御北方的冷空气侵袭。风障有多种类型，可以用作物秸杆排织而成，也可以用砖砌成，还可以用水泥钢筋浇铸而成等。

3. 黄河以北长城以南地区的类型 黄河以北长城以南地区需要设置后坡，但后坡可以做得简单一些，以投资少、易操作、管理方便为主，如低墙长后坡型（图 4－6）。

4. 长城以北地区的类型 长城以北地区冬季气候比较寒冷，因此保温增暖措施显得十分重要，一般在后墙要有特殊处理外，还应在日光温室内部加设增温的设备，如增温炉道（图4－7）等。

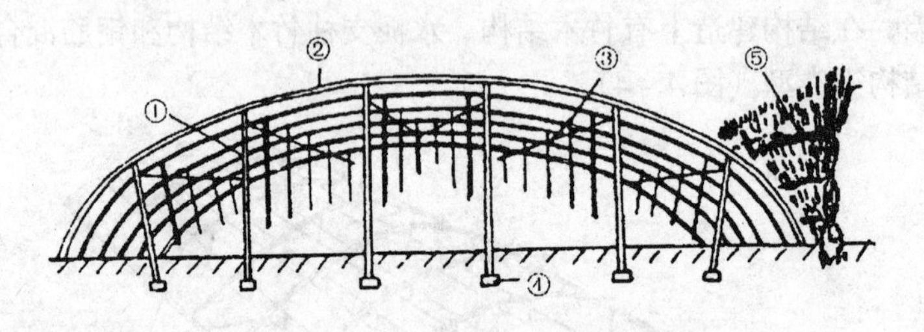

图4－5　竹木结构和防风障日光温室

①立柱　②拱杆　③拉杆　④立柱横木　⑤防风障

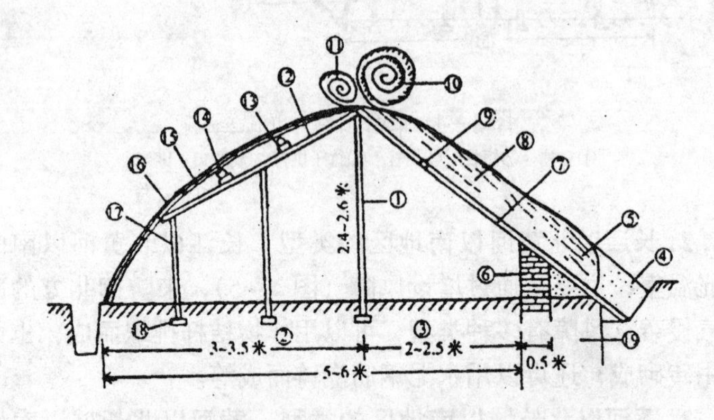

图4－6　黄河以北长城以南地区长后坡日光温室

①中柱　②中柱前部　③中柱后部　④后防寒沟　⑤防寒土　⑥后墙　⑦柁　⑧后坡覆盖物　⑨檩　⑩草苫　⑪纸被　⑫拱杆架梁　⑬横向联结梁　⑭吊柱　⑮拱杆　⑯薄膜　⑰前支柱　⑱基石　⑲后墙外填土部位

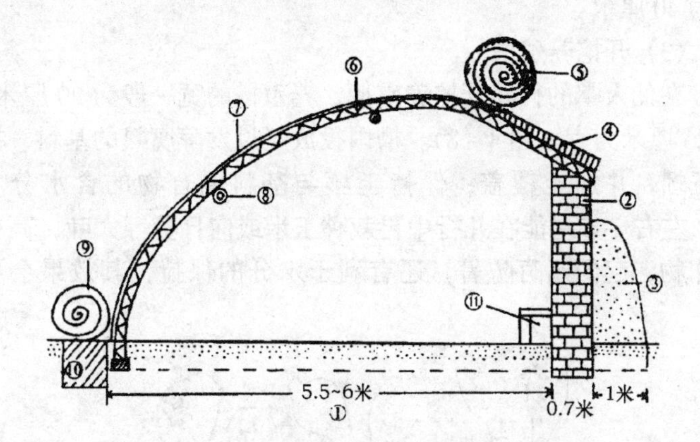

图4－7　长城以北地区日光温室类型
①跨度　②后墙　③后墙外填土　④后屋面　⑤草苫
⑥人字型钢拱架　⑦薄膜　⑧椽向联结梁　⑨纸被
⑩前防寒沟　⑪增温炉道

三、室外养殖

室外养殖面积大，养殖成本低，可选择的方式比较多，但由于冬季温度低，室外养殖受到了制约，因此，应把室外养殖和室内养殖结合起来。下面介绍几种室外养殖的模式。

1. 仙人掌地养殖法

(1) 整地开沟

种植仙人掌的地块，先施底肥、深翻耙平，并在四周开挖排灌水沟，一般沟宽25厘米，沟深30厘米，保持沟内长期有水，既可以使土壤湿润，又可以在雨季及时排涝。

(2) 种植仙人掌

仙人掌种植株距可根据仙人掌的品种大小来确定，行距一般为40厘米。

（3）开挖养殖槽

在仙人掌的行间开挖养殖槽，养殖槽的宽一般为20厘米，深25厘米为宜（图4-8）。槽内投放经过发酵腐熟的基料，投放蚯蚓，并加土覆盖，保持土壤与基料混合物的含水分为30%左右。如果能在几行中再栽种玉米或向日葵等大叶，高杆农作物，起到遮荫防暑，还有利于水分的保持，其效果会更好。

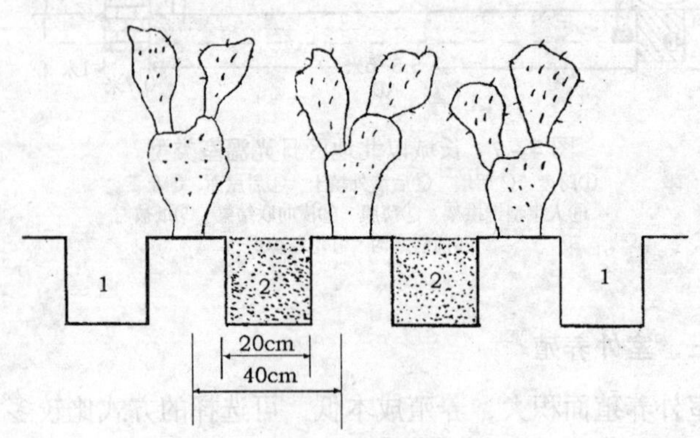

图4-8 仙人掌养殖蚯蚓示意图

1. 排灌沟 2. 养殖区

2. 桑园养殖法 选择地势平坦，排灌方便的桑园，在桑园的行间开挖沟槽，沟槽的宽、深可根据行间的距离来确定，一般沟宽30厘米，深25厘米。沟槽内投放腐殖好的基料，投放蚯蚓后，覆盖腐殖土即可。注意投放蚯蚓的密度，随着蚯蚓的生长，密度大时还要在沟槽上面补喂饲料，以保证蚯蚓正常生长和繁殖。

3. 果园养殖法 果园内果树之间一般行距都比较大，而且环境也比较适合蚯蚓生长繁殖，因此，利用果园养殖蚯蚓，既可以使蚯蚓丰收，增加经济效益，蚓粪又可以补充果树对有机质肥的需要。具体操作可以在果树行间开挖宽 0.8～2 米、深 0.4 米的沟槽，沟槽内投放基料，并投放蚯蚓即可。但注意留有一定的走廊，并有足够的排水沟，防止雨水浸泡。秋季采收蚯蚓时，可收大留小，表面覆盖保温材料可自然度过冬季。

4. 堆肥养殖法 堆肥养殖是室外养殖蚯蚓最常采用的方法。

（1）建垄

在地面上先打出养殖垄，垄一般宽 1～1.5 米，高 0.2 米，垄与垄之间留有 40～50 厘米的管理走廊，同时又是排水沟。

（2）堆料

将腐殖好的基料堆在垄上，堆料的形式有弧形、梯形等多种选择（图 4－9）。然后就可以投放蚯蚓了，并覆盖遮荫物，如草苫等。如果有条件可以设置喷灌系统，操作起来更为方便。

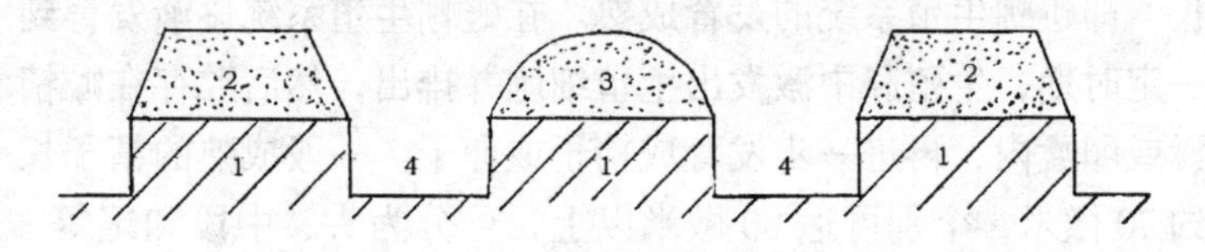

图 4－9 堆肥养殖示意图

1. 地面起垄 2. 梯形堆料 3. 弧形堆料 4. 走廊兼排水沟

第五章　蚯蚓的繁殖和育种

第一节　蚯蚓的繁殖

蚯蚓的繁殖一般为有性繁殖和无性繁殖两种形式，但大多数品种的蚯蚓都是有性繁殖，并且雌雄同体进行异体交配受精，也有少数品种的蚯蚓进行体内自我受精，还有的蚯蚓品种不经过受精而繁殖，被称为孤雌繁殖。以下面我们将重点介绍异体交配受精的有性繁殖的蚯蚓品种。

一、繁殖过程

蚯蚓的繁殖过程实际上就是蚯蚓的生殖器官形成卵细胞，并排出含有一个或多个卵细胞蚓茧的过程。

1. 卵细胞的形成　蚯蚓在生长过程中也有两个生长：一是营养生长，即蚯蚓个体的增大，环节的增多；二是生殖生长，即蚯蚓生殖系统的发育成熟。在蚯蚓生殖系统逐渐发育到一定时期，生殖腺中激发出生殖细胞并排出，然后贮存在贮精囊或卵囊内，再进一步发育成精子或卵子。一般成熟的精子长约70微米，个别可达80微米以上，可分为头、中段和尾等3部分；成熟的卵子为圆球形、椭圆形。水栖蚯蚓一般要比陆栖蚯蚓的卵子大得多。卵子由卵细胞膜、卵细胞质、卵细胞核和卵黄膜等部分组成。

2. 蚯蚓的交配　交配是指异体受精的蚯蚓，达到性成熟以后双方相互交换精液的过程。根据种类的不同，有些蚯蚓交配时在地面上进行，而有些蚯蚓交配时在地下进行。但交配的姿势一般都大同小异，两个发情的蚯蚓前后倒置，相互倒绕，腹面相贴，一条蚯蚓的环带区紧贴在另一条蚯蚓的受精囊区，环带区副性腺分泌黏液紧紧粘附着对方，并且在环带之间有两条细长的黏液管将两者相对应的体节缠绕在一起。排精时，明显的两纵行精液沟的拱状肌肉有节奏地收缩，从雄孔排出的精液向后输送到自身的环带区而进入到另一个个体的受精囊内。这样双方把对方的精液暂时贮存在受精囊中，即受精结束。受精结束后，两条蚯蚓向相反的方向各自后退，先退出缠绕的黏液管，慢慢地两个个体完全分离（图 5－1）。整个交配大约持续 2～3 个小时。蚯蚓的交配一般为全年周期性交配，在自然界中蚯蚓一般在初夏和秋季交配；人工养殖的蚯蚓，由于人为创造了适宜蚯蚓生长、繁殖的环境，因此一年四季均可交配繁殖。

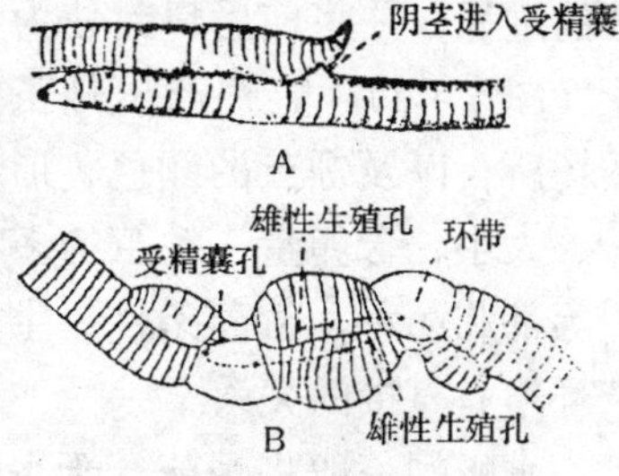

图 5－1 蚯蚓交配示意图

A. 环毛蚓的交配 B. 正蚓的交配

3. 排卵和受精 在交配过程中或交配后，成熟的卵子开始从雌孔中排出体外，卵贮存于卵囊或体腔液中，依靠卵漏斗和输卵管上纤毛的摆动使卵从雌孔排出，落入环带所形成的蚓茧内。

卵的受精过程是雏形的卵包经过受精囊时，已进入受精囊内的精液就排入雏形的卵包内，精子具纤毛状的尾部。进行游泳状运动，与悬浮卵包中的卵子相遇而受精，即完成受精。

4. 蚓茧的形成 蚓茧的初期是卵包，卵包是由环带分泌卵包膜和细长黏管形成的，即为雏形卵包。卵子从雌孔排出后，即落入雏形卵包内，即为实质性卵包。卵包内卵子的受精多数是在卵包的形成过程中受精的，也有少数种类的蚯蚓在交配结束后，利用交配时环带区分泌的细长黏液管形成卵包而受精。

卵包从蚯蚓体内产出即为蚓茧。蚯蚓产生蚓茧的过程实际上是卵包从蚯蚓体最前端脱落的过程，并将前后口封住为止（图5－2）。蚯蚓产出蚓茧的场所，以及蚓茧的颜色、形状、大小、含卵量、蚓茧的多少等都和品种、营养条件、生产环境有直接的关系。

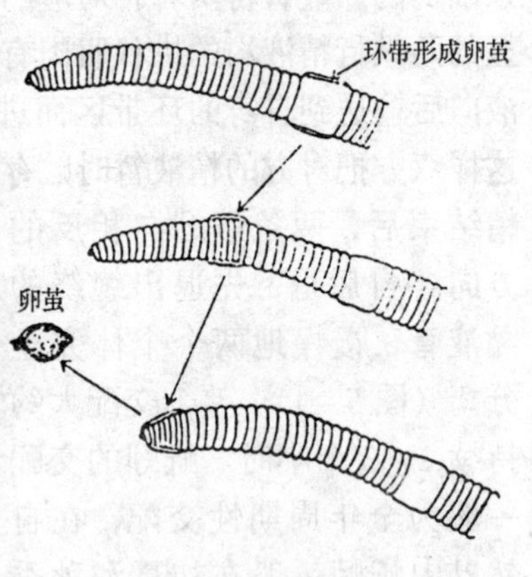

图5－2 蚓茧的形成

水蚯蚓一般将蚓茧产于水中；赤子爱胜蚓一般喜欢将蚓茧产于堆集肥土处；而背暗异唇蚓则将蚓茧产于潮湿的土壤表层。了解这些特性后，在人工养殖不同种类的蚯蚓时要人为地为蚯蚓创造一个适宜产茧的环境。

蚓茧的颜色是随着蚓茧的产出时间增长而改变的。一般刚产出时的蚓茧为浅白色或淡黄色，随后逐渐变为黄色、淡绿色或浅棕色，最后则变成橄榄绿、紫红色或暗褐色。

蚓茧的形状因种类不同而差异较大，多数为圆球形、椭圆形，也有纺锤形、袋状或花瓶状等，也有少数为长管状、纤维状等。在蚓茧的两端也有簇状、茎状、锥状和伞状等差异（图

5－3)。

蚓茧的大小一般和蚯蚓的个体成正比例关系。陆正蚓的蚓茧为：长6毫米、宽5毫米；环毛蚓的蚓茧为：长2.4毫米、宽1.8毫米；赤子爱胜蚓的蚓茧为：长4～5毫米、宽2.5～3毫米。

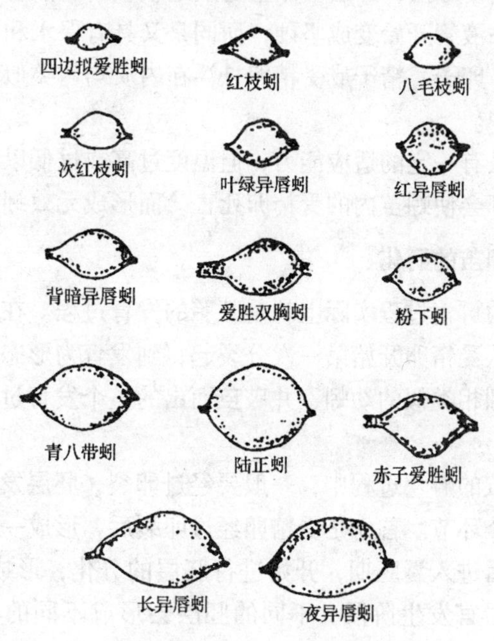

图5－3　蚓茧的种类

不同种类的蚯蚓，其蚓茧内含卵量也不尽相同，有的含一个卵，有的含多个卵。环毛蚓的蚓茧内多数含一个卵，少数含有2－3个卵；赤子爱胜蚓的蚓茧内多数含有3－7个卵，有个别的蚓茧内只有一个卵，而最多的可达到20个卵。

不同种类的蚯蚓产蚓茧量也不同。另外还受自然环境、营养条件等的影响较大。在条件适宜时全年可交配、产茧。

蚓茧分为外层、中层和内层等3部分。外层为蚓茧壁。由交织纤维组成；中层由交织的单纤维组成；内层为淡黄色的均质。刚产出的蚓茧，外层实际上是质地较软的黏液管，随着时间的推移黏液管开始变成坚硬，而同是又具有保水和透气能力的蚓茧壁。卵子、精子或受精卵悬浮在内质均匀类似蛋清状的营养物质中。

蚓茧虽有一定的适应能力，但温度过高或过低以及湿度过大或过小都会使蚓茧内的受精卵死亡，而形成无效蚓茧。

二、蚓茧的孵化

蚓茧的孵化过程实际上就是胚胎的发育过程。在这个发育过程中，从受精卵开始第一次分裂起，到发育为形态结构特征与成年蚯蚓相类似的幼蚓，并破茧而出的整个发育过程称为蚓茧的孵化。

在蚓茧的孵化过程中，一般要经过卵裂、胚层发育和器官发生等3个环节。首先是受精卵经过卵裂后，形成一定数量的细胞，然后进入囊胚期，开始进行胚层的分化，形成原肠胚。最后进入器官发生阶段，不同的胚层会形成不同的器官和系统，一般由外胚层逐渐分化，形成环胚层、体壁上皮、刚毛囊、腹神经索、脑、感觉器官、口腔、咽、雄性生殖管道端及其内壁上皮、前列腺等；由内胚层逐渐溶化和形成消化系统；由中胚层逐渐形成纵肌层、体腔上皮、心脏、血管和生殖腺等。胚胎发育完成后，幼蚓从蚓茧中钻出即蚓茧孵化结束（图5-4）。

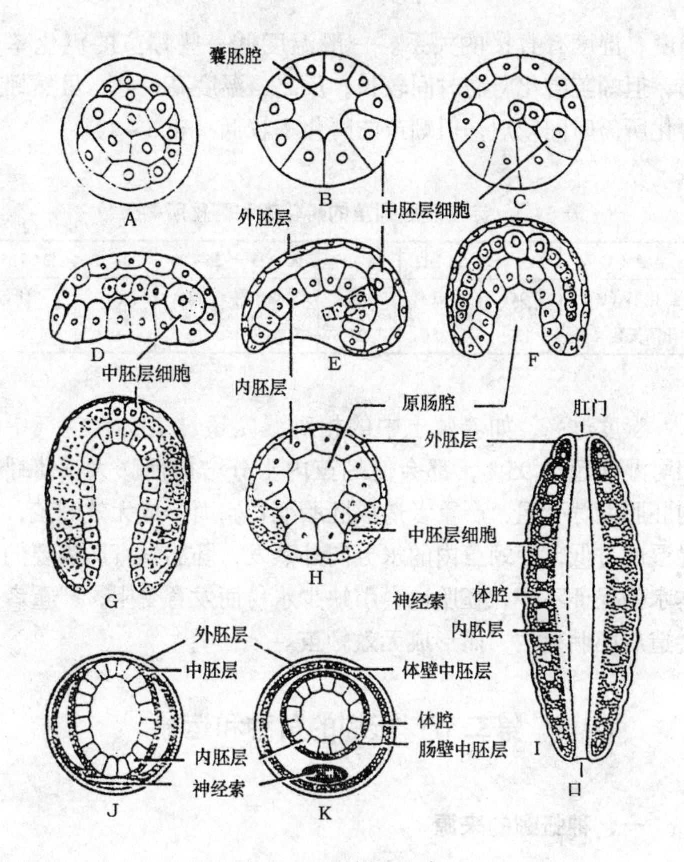

图 5-4　蚯蚓的发育

A. 囊胚期；　B. 囊胚切面；C. 中胚层带出现；　D. 原肠期开始；
E. 原肠胚的侧面观；　F. 原肠胚的切面，示原肠及中胚层带；
G-H. 原肠后期的纵切面与横切面，示体腔初现；
I-J. 胚胎后期，示口、肛门及体腔囊出现；　K. 体腔形成

蚓茧孵化所需要的时间，除种类的区别外，主要和外界的

温度、湿度有直接的关系。一般温度低一些蚓茧的孵化率较高，但蚓茧孵化所需时间较长；反之，温度高一些，虽然蚓茧孵化所需时间较短，但蚓茧的孵化率较低（表 5－1）。

表 5－1 赤子爱胜蚓茧的孵化率和孵化所需天数

温度（℃）	11～14	15～17	18～19	20～25	26～28	30～33	34～35
孵化率（%）	94	92	89	88	78	60	41
孵化需天数（天）	120	35	25	20	16	10	9

湿度过高，如养殖土中的相对湿度超过 70%，空气中的相对湿度超过 95%，都会使蚓茧内水分增加而膨大，使蚓茧内胚胎发育受阻，严重者造成胚胎死亡，而形成无效蚓茧；如果湿度过低，使蚓茧内的水分向外蒸发，胚胎发育所需要的基本水份保证不了，胚胎也会引缺少水份而发育受阻，严重者也会造成胚胎死亡，而形成无效蚓茧。

第二节 蚯蚓的引种和运输

一、种蚯蚓的来源

种蚯蚓来源的途经比较多，但要实现蚯蚓的高产、高效的养殖目的，首先应选择适合本地条件的优良种苗。其种蚯蚓的来源途经：

1. 种蚯蚓养殖基地采购 目前比较适合各地养殖的品种比较多，但以日本引进的大平 2 号，以其体型小、色泽红润、生长快、繁殖力强而著称；其次还有各地选育的优良品种。选种时最好到有实力、信誉好、技术和管理比较完善的单位选购。

2. 从本地野生蚯蚓中选育 从本地野生蚯蚓中选育种蚯蚓，一方面可以获得廉价的蚯蚓种源，省去了外地采购种蚯蚓的开支；另一方面由于是从本地选种，种蚯蚓很快适应环境，减少了从外地引种蚯蚓的死亡数量，可较大程度地提高种蚯蚓的成活率。从本地野生蚯蚓中选育注意以下几个方面：

一是品种的选择 根据养殖蚯蚓的不同用途，应选择不同的种蚯蚓，防止大量养殖后无用途（或无销路），造成不必要的损失；

二是注意繁殖率 有些品种的蚯蚓虽然适应能力比较强，但繁殖能力较低，而我们人工养殖蚯蚓，要的是产量，繁殖率低其产量就很难满足，经济效益低下，这样养殖的意义就不大；

三是注意疾病 首先应选育健康的蚯蚓作为种蚯蚓，而对身体无光泽，爬行不活跃，不爱觅食等情况，则不应作为种蚯蚓养殖。

3. 杂交育种 在实际生产中可以把两种不同优势的同品种蚯蚓，如抗病能力比较强的蚯蚓和繁殖能力比较强的蚯蚓，通过杂交的优势互补，获得比较好的经济效益。

二、种蚯蚓的采集

种蚯蚓的采集和商品蚯蚓的采集最大不同的是种蚯蚓在保证成活率的基础上，最大限度地减少种蚯蚓的体外损伤。而商品蚯蚓的采集可以不考虑蚯蚓的体外损伤和成活，因此这就为种蚯蚓的采集增加了难度。种蚯蚓的采集主要有以下几种方法：

1. 挖掘法 挖掘法就是采用挖土农具，如铁锹、锄头等，但最好采用三齿耙等方法，将蚯蚓从养殖土中挖出。挖取的过程中要小心，尽量减少对蚯蚓的体外损伤。对于已经受伤的蚯蚓个体，要剔除出去，不能留作种蚯蚓使用。挖掘法虽然方法比较简单，但效率比较低，而且还及容易造成种蚯蚓体外损伤。

2. 生物法 生物法也称为诱取法。就是将配合好的蚯蚓基料，再适当加一些饲料，在蚯蚓经常出没的地方，堆集一个长垄，一般高30厘米，宽40厘米，长度根据具体情况而定，注意基料的湿度，湿度不足时要加强喷水。2~3天后，附近的蚯蚓就会大量聚集于基料内，即可捕获。

3. 化学法 化学法是根据蚯蚓对某些化学物质的反映，而采取的捕获方法。可以将浓度为5%的高锰酸钾溶液喷洒在准备采集的蚯蚓地面，每平方米可用5~6千克；也可用浓度为0.55%的福尔马林溶液，每平方米用量12千克。经喷洒化学药品以后，很快蚯蚓就会纷纷爬出地面。注意将捕获到的蚯蚓要及时用清水漂洗干净，防止种蚯蚓中毒和保证其成活率。

三、种蚯蚓的运输

1. 包装的方式 包装方式比较多，可以用木箱、塑料箱、竹筐等。不管用什么箱包装，首先透气性要好，防止因途中缺氧造成蚯蚓死亡；其次要在箱内放入一半基料、一半蚯蚓即可运输。

2. 运输方法 可根据购种蚯蚓量的多少，采取不同的运输方法，一次引种蚯蚓较少的（一般在2万条以下），可随人携带；购种蚯蚓量较大时，可用汽车运输或火车托运。

3. 运输途中注意事项　运输途中应注意以下几点：一是运输时间较短的，夏季可以早晚运输，冬季在搞好保温（包装箱内不低于0℃）的情况下，可选择晴天的白天运输。如果运输时间较长（超过24小时），夏季则应有人跟货，当气温超过30℃时，应及时投入冰块降温，冬季有保温措施才能运输。二是运输途中注意包箱的安全，防止剧烈碰撞造成包箱散开，使蚯蚓跑出。三是运输途中不要和有毒或有害物品堆放在一起，防止有害物体浸入包装箱内，造成蚯蚓中毒和死亡。

第三节　种蚯蚓的提纯和杂交育种

蚯蚓属低等动物，遗传变异性较大，再加上人工养殖过程中密度较大，几代同床养殖，很容易造成品质退化，即生长缓慢，繁殖率下降等现象。因此，在生产实践中定期进行提纯复壮和科学进行杂交是十分必要的。

一、提纯育种

1. 种源的选择　种源选择的标准：

一是体态要求　体形上健壮饱满，活泼爱动，爬行迅速，粗细均匀，无萎缩现象。

二是色泽要求　色泽鲜亮，呈现本品种特有颜色，如爱胜属蚓呈鲜栗红色，环毛蚓呈蓝宝石色等。

三是环带要求　蚯蚓达到性成熟以后环带丰满明显。

四是对光照的敏感程度要求　蚯蚓对光温的感知敏感程度直接关系到对生态、微生态和生理以及体生化运动的自调能力。一般认为蚯蚓对较深红色有反应，并逃避为标准；温度在相差 0.5℃时，就具有趋温性，则说明达到温度敏感的标准。

五是对原体的要求　蚯蚓具有全信息性的再生能力，即截体数段的残体均可在伤口愈合的同体独立形成一复原整体。对于这种复原体，虽然和原体极为相似，但还是有区别的，而这些复原体不应再选择作为种蚯蚓培育。

2. 分组繁殖　将挑选出准备用于繁殖的蚯蚓，按等比例分配到若干对比组中，对其产茧量进行对比观测。观测的主要内容：一是蚓茧的分布情况及主要集中位置；二是蚓茧的密度，按密度的多少依次对分组进行编号，Ⅰ号为密度最高，Ⅱ、Ⅲ依次递减；三是蚓茧的大小，按蚓茧的大小也依次进行编号，即 A 号为蚓茧最大的组，B、C 依次进行递减。对以上 3 种情况最佳的前几位（根据养殖的规模，确定选取的数量），即蚓茧分布均匀、密度较大、个体较大的筛选出来独立进行人工孵化，得到较优的群体。

蚓茧分离时应将选取的编组基料分别推置阴凉处，稍干后拌入少量滑石粉，以促使蚓茧从基料中尽快分离出来，然后用 8 目分样筛缓慢过筛，使绝大多数蚓茧分离下来。蚓茧分离出来以后，应再拌入少量的滑石粉，用 16 目分样筛再次进行过筛，将筛上面的大粒蚓茧分别拌入少量基料中暂时养护保存，筛下的蚓茧置入商品养殖池中，用于生产商品蚯蚓。

将筛选出的蚓茧进行人工孵化，人工孵化时应注意以下几点：

一是埋茧　在孵化池内先铺垫 5 厘米厚的基料，然后将要进行孵化的蚓茧均匀撒上一层，随即再撒上一层基料。

二是覆膜　首先应搭建一个小弓棚，可用小竹杆两头插地。一般距基料面的高度以 15 厘米为宜。其次在竹杆的上面覆盖塑料薄膜，最好选用无滴水型的薄膜。最后将薄膜边角用土压实，但要注意通风透气。

三是控温　温度一般以基料底面保持在 25℃左右为宜，夏季一般不用采取什么措施，冬季则应注意加温，最常用的方法是在基料底部先埋上远红外加温器，使温度达到最佳状态。

人工孵化有以下优点：一是缩短提纯周期；二是恒温孵化对长期在自然孵化的蚓茧中胚胎发育过程的生理节律以及作用因子带来相应的影响和冲击，从而获得了这一生理过程对新的要求的适应性筛选和驯化性筛选的基础。

3. 强化饲养　通过强化饲养达到优秀个体突出表现的过程。强化饲养主要掌握以下几点：

一是加强高蛋白质饲料的饲喂　当幼蚓出茧以后，即可饲喂蛋白质占 80% 的饲料，在具体饲喂时可将饲料加工成细软糊状进行漏斗布点饲喂，根据采食情况，可坚持吃完就喂，没有剩余饲料为原则。

二是变温饲喂　变温的目的是为了提高蚯蚓的适应性，并通过温度的变化，使遗传差异的隐性基因表现出来，而个体发育受阻被淘汰。同时通过变温度还可以促使蚯蚓的新陈代谢，提高蚯蚓的抗病能力。具体方法是在每天晚上 10 点左右关闭保温措施，使温度下降到 15℃左右，如果高于 15℃还可以向基料上面喷洒凉水，使载体内部温度快速下降。等到次日早晨 6 点左右再将温度升至标准温度。可每天进行一次，连续 5 天，中间间隔两天。

三是适量增加添加剂，如维生素添加剂、微量元素添加剂等，拌入饲料中即可，但要注意搅拌均匀。

通过强化饲养以后，将表现较好的个体按照种源选择、分组繁殖和强化饲养等3个环节进行第2次纯化育种，如此反复几次即可得到较纯化的繁殖群。

二、杂交育种

种蚯蚓通过杂交达到：增重速率和繁殖率都较高的目的。经实践杂交后的赤子爱胜蚓年繁殖率可提高1800倍；增重率可提高120倍。

1. 一级单杂交 一级单杂交是将提纯后的种蚯蚓，按照原来的各编组进行二元排列组合，使其育出杂交一代，并从一系列杂交一代中优选出更优秀者。

具体方法是将各组依次进行排列组合，即从每一组中取出一部分分别进行两组之间的混合饲养。这样就形成了几个杂交组合：

A×B　　A×C　　A×D

B×C　　B×D　　……

C×D　　……

将上述的杂交组合进行恒温精养，同时进行跟踪观察、测试、记录。根据产茧时间的先后、产茧数量、各种分样筛余量、出孵率、单茧出幼蚓数量等指标，最后分别计算出各组杂交优势进行比较，并及时留优去劣。

2. 二级杂交 二级杂交是在一级杂交的基础上，将一级单杂交优选出来的种蚯蚓进行三元或四元组合进行杂交。

三元杂交的组合形式是选用一级杂交的优种与另一纯化品种再次进行杂交产出的后代即为二级三元杂交品种。其组合形式为：

AB × C　　AB × D　　AC × D 等

四元杂交是将两个不同的一级单杂交组合进行的二级杂交。其组合形成为：

AB × AC　　AC × AD　　AB × BC 等

对二级杂交的后果，进行优势率的测定，选育出最佳表现组类，再进行三级杂交。

3. 三级杂交　在杂交优势不太明显或潜在杂交优势还未发挥到最佳状态时，可进行三级杂交。其组合形式为：ABCD、BCDE、ABCE 等

三、促性培养

促性培养就是通过人为干预的办法，促使蚯蚓达到性成熟。由于蚯蚓为雌雄同体动物，因此在操作时要注意雌雄的同一性，防止因用药过早、过量，造成蚯蚓绝对性化，不但没有收到高产、高效的目的，反而适得其反，造成生长缓慢，繁殖率低下或不繁殖等不良后果，

1. 促进雄性培养　将二级杂交或三级杂交的优秀群体再次进行分组后实施促雄培养。雄性激素的种类比较多，如甲基睾丸素、丙酸睾丸素、仙阳雄性素等，目前较普遍采用的是仙阳雄性素。具体的使用方法有两种：

一是拌入饲料中　将饲料调整为中偏酸性后，按每千克饲料用仙阳雄性素 1.5 毫升的比例，先取出少量饲料将要加入的仙阳雄性素加入搅拌均匀后，再倒入要配制的全部饲料内搅拌均匀。一般每 3 天投药 1 次，连续 15 天可收到明显的效果。

二是拌入喷水中　也可将仙阳雄性素按照每 1 毫升加入 15 千克的清水，每 7 天向池面喷雾 1 次，每次用量以每平方米

1千克为标谁，连续用3次即可。

2. 促进雌性培养 从二级杂交或三级杂交中选择优秀群体，再分组进行促雌培养。雌性激素的种类有：己烯雌酚、苯甲酸求偶二醇、绒毛膜促性激素、益母素等，目前较普遍采用的雌性激素以益母素为佳。具体的使用方法也是两种：

一是拌入饲料中 饲喂方法基本上和促雄培养相同，用药量以每千克饲料加入5毫升益母素为宜，一般每3天投药一次，连续使用1个月即可。

二是拌入喷水中 将益母素按5毫升加入30千克清水的比例用药，每3天向池面喷雾1次，每次用量以每平方米1.5千克为标准，连续用药1个月即可。

3. 促性后组合 通过分组雄性培养和雌性培养以后，将这两种培养后的蚯蚓，再进行雄、雌组合，形成一个新的杂交体。具体排列如下：

a. ABC♂ × ABC♀　　b. ABC♂ × ABD♀

c. BCD♂ × BCD♀　　d. ABD♂ × ABD♀

四、杂交优势率的测算

蚯蚓的杂交优势率是一个综合性参数，目前比较普遍选定的是：增重优势率和繁殖优势率等两项指标来测定杂交优势率。

1. 增重优势率

$$增重优势率(\%)=\frac{杂交代平均增重量-双亲平均增重量}{双亲平均增重量}\times 100\%$$

例如：促性后组合a组的日平均增重量为600克，而作为a组合的双亲ABC♂和ABC♂的日平均增重量分别为520克和540克，其双亲本身的日平均增重量为（520 + 540） ÷ 2 = 530

（克）

$$\text{a组合杂交增重优势率（\%）}=\frac{600-530}{530}\times100\%\approx132\%$$

同样的方法可以计算出其他各杂交组合的杂交增重优势率。

2. 繁殖优势率　繁殖优势率实际上就是种蚯蚓选育杂交前后的产茧数量的对比。公式如下：

$$\text{繁殖优势率(\%)}=\frac{\text{杂交代平均产茧量}-\text{原曾祖代平均产茧量}}{\text{原曾祖代平均产茧量}}\times100\%$$

例如：促性后组合a组的平均产茧量为800粒，原曾祖代A、B、C、D的平均产茧量分别为310粒、350粒、320粒、330粒等，则其平均产茧量为（310 + 350 + 320 + 330）÷ 4 = 327.5（粒）

$$\text{a组合杂交繁殖优势率（\%）}=\frac{800-327.5}{327.5}\times100\%\approx144\%$$

同样的方法可以计算出其他各杂交组合的杂交繁殖优势率。

五、原种的复壮

通过提纯和杂交以后的蚯蚓无论从肌体、生理，还是从遗传基因方面，都有一个较大改良，从综合优势比较也有较大幅度地提高，如果能再进行复壮过程，则可以使种蚯蚓更上一层楼。主要应抓好以下几方面的工作。

1. 营养标准的加强　经过提纯杂交以后，蚯蚓的增重优势率和繁殖优势率都有明显增强，这就需要全价的营养物质作保证，否则如果营养跟不上，就会制约提纯杂交后的优势发挥，使大量的前期提纯杂交工作付之东流。一般营养的标准按幼蚓的饲养标准进行，同时要注意增加饲喂量，和其他蚯蚓相对比应增加5%的饲喂量。关于饲料的质量可以观测蚯蚓对饲料的采食速度来评价饲料的适口性，用蚯蚓排泄量的多少来评价饲料的转化率。

2. 微生态的平衡 微生态的平衡是指有益微生物的多元性和对有害微生物的抑制作用，因此微生态平衡应该包括两部分，即蚯蚓生长环境的微生态平衡和蚯蚓身体内部的微生态平衡。如何使这两种平衡达到最佳状态，是原种复壮的关键环节。

一是蚯蚓生长环境的微生态平衡 主要是指种蚯蚓所生存的基料和饲料。通过人工的方法要在基料和饲料中定期拌入一定量微生物，如光和菌、乳酸菌、酵母菌、纤维素分解酶等有益微生物菌、酶群。不但可以提高饲料的转化率，抑制有害微生物的生长，而且还可以减少有害物质的产生，创造良好的种蚯蚓生存环境。

二是蚯蚓体内的微生态平衡 在蚯蚓体内存在着无数的微生物区系，其中包括可促进饲料消化提高的区系；也有抑制饲料转化，阻止其生长的区系，还有致病作用的区系。对于原种蚯蚓来说，由于培育过程中的非完美性和时空方面的条件所限，这类区系的生理因素都有可能被遗留下来，同是后天的环境因素还会产生新的微生物区系。如果这些微生物区系失去了平衡，而致病微生物区系占上风，则蚯蚓的生长、繁殖都会受到影响，因此要十分关注蚯蚓体内微生态现象。通过使用微生物添加剂既解决了有害微生物对蚯蚓体的破坏，又解决了使用抗菌素存在的抗药性和组织残留等缺点。

3. 蚯蚓体内微循环活性的运动增强 由于满足了蚯蚓对饲料的全方面要求，如果不使蚯蚓体内微循环活性运动的增强，就会造成脂肪的大量沉积，这对蚯蚓的生殖系统发育以及以后的交配、产茧都会受到直接的影响。促使蚯蚓体内微循环的方法比较多，目前比较采用的是活性助长剂，但活性助长剂对正在发育和培养中的种蚯蚓原种来说就有些不足。针对种蚯蚓复壮而增强体内微循环的活性，由北京明仁智苑生物技术研究院研究生产的“活性素”，是采用传统的中药理论和现代生物技术相结合的产物，具有促进种蚯蚓全方位开放式的生理、生化运动的功能。对种蚯蚓的复壮有显著的效果。使用时取“活性素”100毫升，兑水3000毫升，经稀释后均匀喷雾在基料上。一般每周用药1次，每次每平方米用药量为1000毫升，在每次投喂饲料之前喷药效果更好。

4. 加速蚓茧的成熟过程　原种蚯蚓的繁殖优势率比较高，但由于种蚯蚓因贪繁殖量，而蚓茧质量有一部分明显降低，这一方面是由于营养的吸收转化能力跟不上产茧量的需要，另一方面是由于性功能的优势性和产茧的优势性不能同步，而造成产茧的优势性滞后现象。针对这个问题，北京明仁智苑生物技术研究院，专门研制生产的“保茧素”，解决了蚯蚓产茧质量低和出现间歇性产茧的现象。使用时取“保茧素”100毫升，兑纯净清水2000毫升，经稀释后均匀喷雾在基料上。一般每周用药一次，每次每平方米用药量为500毫升，但要注意使用“保茧素”和使用“活性素”要错开时间，这两种药物切不可同时使用。

第四节　不同繁殖期的生产管理

对于有一定规模的蚯蚓养殖基地来说，要保证蚯蚓的年总产量，首先要保证不同繁殖期蚯蚓的数量。主要应划分为以下几个群：一是繁殖群，是养殖基地的核心群；二是扩繁种群，是繁殖群的有效补充；三是商品种群，是商品群的基础；四是商品群，是养殖基地的效益所在。以上4个环节就像一个“宝塔”一样（图5－5），从繁殖群到商品群呈现梯形式发展，以商品群形成养殖基地的产量。

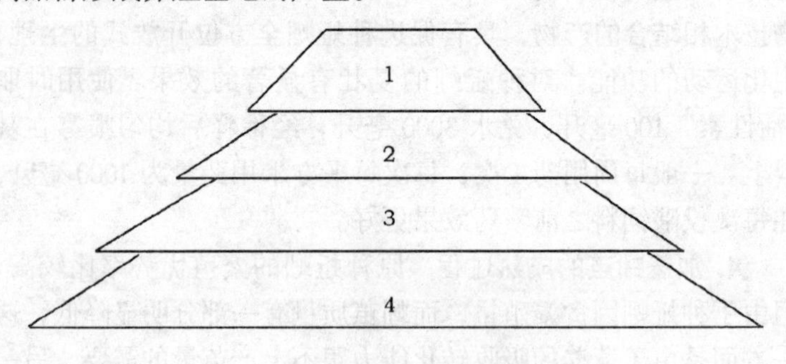

图5－5 “宝塔”式繁殖层

1. 繁殖群 2. 扩繁种群 3. 商品种群 4. 商品群

一、繁殖群的生产

繁殖生产群是商品生产群的第一步，因此是最基础的环节。从原种的选优到繁殖生产群的建立存在着一个量的比例关系，这是一个倒算法，应根据繁殖生产群的规模需要，来确定原种选优的数量。一般原种选优和繁殖生产群的比例关系为1:80。

1. 繁殖群的组合及组合形式 繁殖群的组合是按原种代的父系蚓茧和母系蚓茧以1:4的比例组合成一个群体进行孵化、培育。为了保证繁殖群的综合优势，繁殖群应每年更换1次，如果是全年恒温繁殖，则每年应更换3次。为方便操作将每个繁殖群一分为二，即用隔板从中间隔开，这样可以一半用于生产，一半用于育种。既适合大规模生产，又可满足小规模生产的灵活性，还可以出售一部分种蚯蚓。在实际生产中，当发现繁殖池中的生产群产茧率下降时，这时就需要更新，可以马上启动备用育种群（即正在育种期的另一半繁殖池），可将老蚯蚓转入商品生产群中淘汰，并拆除中间隔板加满基料以供种蚓产茧高峰之需。等到其盛产期只剩下两个月左右时，再将繁殖池一分为二，即插上隔板，一半用于生产群生产，一半用于更新基料后转入原种茧进入繁殖群的生产，这样周而复始循环进行。

2. 种蚓密度的控制　繁殖群种蚯蚓的投放密度一般和温度有着直接的关系，因此不同的温度种蚯蚓投放密度应区别对待。

在高温条件下（一般是指基料内温度达到30℃以上）种蚯蚓的养殖密度小一些，如果配以适当的降温措施，每平方米可养殖种蚯蚓1万～1.5万条。

在常温条件下（一般是指基料内温度在20～30℃之间）种蚯蚓的养殖密度可比高温条件下要大一些，可掌握在每平方米养殖种蚯蚓2万条为宜。

在低温条件下（一般是指基料内的温度在20℃以下）种蚯蚓的投放密度可以大一些，以每平方米3万条即可。

二、繁殖群的管理

繁殖群的管理是在日常管理的基础上，还需要采取一些特别措施。主要有以下几方面：

1. 稳定产茧的节律 蚯蚓的产茧过程是一个较复杂的生殖过程，这个过程受蚯蚓的“全信息”生理功能的指挥，而这种指挥有一定节律效频度。提高种蚯蚓的繁殖优势的目的，就是要最大限度地延长这种节律，达到最佳的产茧状态。人工养殖蚯蚓要保证节律时间较长，首先要定时取茧，多长时间取一次茧不是一个确定的数，但最好有一个固定的时间，防止取茧的随意性而破坏蚯蚓产茧的节律。一般可掌握在气温高时可10天取一次茧；气温低时可安排15天取一次茧。同时取茧的时间和养殖的密度也有着直接的关系，养殖密度大时取茧的间隔时间可短一些；而养殖密度小时取茧的间隔时间可长一些。总之要根据自己养殖的实际情况具体确定，但取茧的间隔时间确定下来以后不要随意改变。其次在挖取蚓茧时要胆大、心细，防止惊扰正在产茧（或交配）的种蚯蚓。取茧时带出的基料，如果还能正常使用，则应按原状覆盖；如果需更换基料时，也应保持原来的状态。

2. 加强营养 种蚯蚓在产茧期间需要的营养要充足，如果营养跟不上产茧的需要，就会出现产茧的数量减少和蚓茧质量的下降。实践证明，在每次收取蚓茧的前5天投喂高蛋白精饲料为宜。同时为了增加产茧量还需喷施一些激素（即促茧添加剂），实践证明，激素宜在取茧后的第2天喷施。

3. 种蚯蚓的淘汰和更新 一般种蚯蚓可连续使用2年，2年以后种蚯蚓的产茧数量和质量都会明显下降，因此应及时淘汰和更新。具体的淘汰和更新方法可参考以下几种：

一是人工剔除法 此方法比较直观、简单，易操作，但工作效率低，因此适合小规模实验性养殖或在取茧时一起操作。剔除部分以种蚯蚓身体光泽度低、不太强壮、环带松小，反应迟钝等，剔除后投入商品群之中。

二是化学剔除法　此方法是借助种蚯蚓对化学药物的刺激反应，将身体强壮的种蚯蚓驱出基料的表面，然后收取继续留作种用；将用药后反应迟缓、驱而不动的种蚯蚓转入商品群中剔除。此方法劳动强度小，效率较高，但用药量要适度，一般用500～800倍的“蚯蚓灵”溶液或300～500倍的生石灰水溶液或3000～5000倍的高锰酸钾溶液，均匀喷洒在基料表面，将很快爬出基料表面的种蚯蚓集中起来，并及时用清水冲洗干净后继续作种用。其他种蚯蚓则应剔除，用清水洗干净后，投入商品群中。

三是生理剔除法　此方法是根据蚯蚓的生理特性即根据蚯蚓的畏光性而进行剔除的方法。具体操作方法：首先要设置灯箱。灯箱一般高20～30厘米、宽80厘米、长度根据需要自己确定，灯箱上面用白色透明玻璃，其它3面可用木板、铁皮等制作。日光灯管设置在灯箱内，要求光线均匀，光线的强度一般可掌握在50～80勒之间。操作时在黑暗环境中进行，可在灯箱下方设置红色电灯，便于观察。其次选择剔除。将带有种蚯蚓的基料均匀铺在灯箱的玻璃板平面上，一般厚度为3～5厘米。强壮的种蚯蚓很快钻出基料表面，收集后继续留作种用；对光线反应迟缓的剔除后转入商品群中养殖。

三、扩繁群的生产管理

扩繁群是为了满足商品种蚯蚓生产而扩大的种群，因此也称为生产种群。扩繁群是大规模生产商品蚯蚓的基础，是种群繁殖和商品繁殖的中间环节，搞好扩繁群具有十分重要的意义。

1. 扩群繁殖与其他繁殖群之间比例关系 扩群繁殖的规模是由生产商品蚯蚓的产量决定，因此，从原种繁殖到种群繁殖再到扩群繁殖，最后到商品繁殖存在一定的比例关系。最好采用倒推法，即商品繁殖与扩群繁殖的比例为 20:1；扩群繁殖与种群繁殖的比例为 10:1；种群繁殖与原种繁殖的比例为 5:1。

2. 不同季节的生产管理 不同季节应采取不同的生产管理措施，以保证扩群繁殖的正常进行：

一是春季 当地温稳定通过 14℃以后，蚯蚓开始醒眠活动。由于春季昼夜温差较大，倒春寒时有发生，尤其是野外养殖蚯蚓，在寒流到来之前或温度较低的晚上注意采取保温措施，如覆盖塑料薄膜、农作物秸秆等。

二是夏季 夏季气温比较高，日照光线比较强，因此应注意降温，如增加喷水次数、覆盖植物或增设遮阳网等措施。同时还应更换新基料，在基料中增加枝粗叶大类植物，以提高基料的通气性，增加溶氧性。还应在基料中喷施“益生素”，以增加基料中有益菌的种类和数量，抑制有害菌的发展。

三是秋季 秋季雨水比较多，要注意防水排涝，防止蚯蚓长期浸泡在水中。秋末气温下降，要适当搞好保温，尤其是夜晚一定要有保温措施。

四是冬季 当气温低于 10℃时，蚯蚓将逐渐进入冬眠，可将基料集中起来，堆集厚度可达到 50 厘米，使蚯蚓集中冬眠。如果气温低于 10℃时，应在集中堆集的基料上加盖塑料薄膜。要随时观察基料 10 厘米深度的温度，以 1～3℃为宜，绝对不能低于 0℃，否则就有可能冻死。

四、商品繁殖的生产管理

商品繁殖实际上是扩群繁殖的再扩群，其繁殖生产的小蚯蚓直接用于商品投放市场销售。在生产管理上相对扩群繁殖、种群繁殖和原种繁殖要粗放简单一些。具体的生产管理工作应抓好以下几方面：

1. 养殖密度　养殖密度一般是根据气温的不同应有所区别：气温在 10℃左右的，应采取增温保暖措施，使温度不低于 13℃，每立方米基料可养殖蚯蚓 10 万条左右；气温在 15～25℃之间的，每立方米基料可养殖蚯蚓 8 万条左右；气温在 25℃以上的，应采取防暑降温措施，每立方米基料可养殖蚯蚓 6 万条左右。

2. 生产管理　商品蚯蚓繁殖虽然管理比较粗放，但由于养殖的密度较大，因此要注意及时收取蚓茧、增强基料的透气性和拌随着喷水增施“益生素”等措施。

五、商品蚯蚓的生产管理

商品繁殖的蚯蚓所产出的蚓茧至孵化出的幼蚯蚓长大后即为商品蚯蚓。因此，商品蚯蚓的管理可以更粗放一些，一般以大田养殖为主。

1. 大田的选择　一般选择地下水位适中，终年具有一定含水量的常耕地，而望天收的季耕地、沙砾地以及高坡地、板结地、生土地、积水地等则不能选用，被严重污染的区域更不能选用。土壤的酸碱度也应适合蚯蚓的生长繁殖，一般 pH 值为 7.6～6.3 即可。

2. 合理的布局　大田生产商品蚯蚓总的要求是：保温、防暑、保湿、防干、防涝、防病、防虫、防逃等。

具体布局首先应在养殖场的四周种植高大树木，形成一个较完整的绿色封闭圈。根据养殖场的大小还可以在内部种植绿色网带，一般以100米为一个间隔空间。其次是在养殖蚯蚓的地块上还可以种植一些农作物等，这样还可以提高土地的利用率。

3. 投放蚯蚓 投放商品的苗可以是蚯蚓茧，也可以是幼蚯蚓。投放蚓茧时，应将蚯蚓茧均匀地埋在基料的3厘米以下，并再覆盖2~3厘米厚的湿润泥土，最后在覆盖一些农作物的秸秆，一般每平方米的床面可放置蚓茧2000~3000粒；投放幼蚓时，应将幼蚓（蚓团）置于基料之间，一般每平方米的床面可投放幼蚓2万条左右，注意同时投放在一个池床内的幼蚓月龄、大小不宜悬殊太大。

第六章　蚯蚓基料的制备

基料是蚯蚓栖息的物质材料。在野外自然环境中，蚯蚓的基料是泥土，而人工养殖蚯蚓，为了达到高产高效的目的，一般用厩肥混泥土作为蚯蚓的基料，因此基料需具有特定的特性，为蚯蚓创造一个良好的生存环境。

第一节　基料的基本要求

基料的质量和性能直接关系到蚯蚓的生存，因此，要具有以下几方面的特性。

1. 密度小，含水高　一般基料的密度应该在 0.18 ~ 0.25 之间，仅为黏土密度的 10%左右。由于基料的密度低，其含水量则比较高，加湿后其比重可在 0.4 ~ 0.5 之间。松散的基料，使基料中的含氧量较高，透气性较好，更适合蚯蚓的生理、生态对环境的要求。使其在基料中自由伸缩和运动，这是提高单位面积产量的基本要求。

2. 压力小、压强低　基料的密度小，其自重的向下压力就轻，其压力就小，同时压强就低，这样蚯蚓在基料中上下活动时，就会比较轻松自如。既缩短了蚯蚓的运动周期，又减少了蚯蚓的体力消耗和基础代谢能下降。

3. 保水性能　基料的保水性能要好。一般黏质土的含水率为 30%左右，达到饱和状态后，再增加水分就会出现积水现象，而且风干较快，透气性较差。加工好的基料要求，含水率达到100%后也不会出现积水现象，而且蚯蚓完全还可以正常生活。

第二节　基料的配制

配制基料的基本要求是：松散、肥沃、干净。松散就是不死板，没有结成硬块，无触变性；肥沃就是营养丰富，不但具有丰富的蛋白质、脂肪、矿物质，还含有微量元素、维生素等物质；干净就是无异味，无病毒、病菌、真菌等病原微生物以及未处理的生料、杂物等。

一、原料的选择

蚯蚓所需基料的原料比较广泛，大体上可分为植物类和粪肥类。

1. 植物类　主要有阔叶树树皮及树叶、草本植物、禾本植物等。有的树皮、树叶中含有龙脑、坎烯、桂皮酸、香精油、松节油、生物碱、岩藻醣、萘酚、苦木素等强刺激性物质，如松、柏、杉、樟、枫、梓、楝等；有的草本、禾本中含有蓼酸、氧茚、醣甙、甲氧基蒽醌、大蒜素、蒲罗托品、白屈菜素、类白屈碱、血根碱、龙葵碱、莨菪碱、鱼藤酮、氨茶碱、毒毛苷、藜芦碱、芰妥新、乌头碱、凝血蛋白、士的宁、钩吻碱、烟碱等毒性物质，如博落回、番茄叶、颠茄、曼陀罗、毛茛、茶饼、一枝蒿、烟叶、艾蒿、苍耳、猫儿草、水菖蒲等，不能选为原料。

在生产实践中，有一些杂物混入，不可能分别去化验鉴定，这样就必须凭借嗅觉等感观加以辨别。我们通常收割的大豆、豌豆、花生、油菜、高粱、玉米、小麦、水稻等农作物的茎叶，山林地的树皮、树叶，水塘中的水植物等都可以用做基料的原料。

2. 粪肥类　主要有厩肥和垃圾。如牛、马、猪、羊、鸡、鸭、鹅、鸽等畜禽粪便和城镇垃圾以及工厂排出的废纸浆末、糟渣末、蔗渣等。这些物质的蛋白质等营养成分较高，生物活性也比较强，一方面可以满足蚯蚓的生长繁殖所需要的营养成分；另一方面也容易促进真菌的大量繁殖和有机物的酶解，对蚯蚓的新陈代谢也有一定的帮助作用。但由于其原料对象不同，其营养成分和作用也不尽相同，因此，在实际操作中应区别对待：

大型牲畜动物　如牛、马、驴、骡等食草类动物的粪便，一般纤维质较多，比较松散，透气性好，而且肥而不腐，是较好的基料原料，但蛋白质偏低，应和蛋白质含量较高的原料混合使用，其效果比较好。

中型畜禽动物　如猪、狗、鹅等杂食类动物的粪便、其蛋白质的含量比食草性的大型牲畜要高而且脂性物质也比较高，但纤维质物质含量较少，这样的粪便随然柔软，而不松散，密度比较大，虽肥但腐臭，不宜被蚯蚓直接利用，应和其他松散、含纤维较高的物质混合后使用。

小型动物　如鸡、鸭、鸽等食精饲料动物的粪便，由于这些动物食用的都是全价精饲料，再加上这些动物没有咀嚼器官，消化道又比较短，其饲料的消化转化率比较低，因此，在其粪便中含有较高的蛋白质，和配备比较合理的其他营养物质，如脂肪、矿物质、微量元素、维生素等，这些几乎完全可以被蚯蚓摄取，是蚯蚓的直接优质饲料。这类原料一般在使用前进行发酵处理后使用。

工厂下脚料　如纸浆浓度溶液，各类酒糟及其糟液、酱菜废液、动物肠肚废物、食用菌生产废料等。这些下脚料大多含有胃蛋白酶、胰酶、乳糖等多种分解酶和硫酸黏杆菌素、杆菌肽锌、恩拉霉素等促生长剂以及嗜酸乳杆菌、粪链球菌，酵母菌等生菌剂。这些物质对基料中营养物质的酶解、抗菌素的繁衍有着积极的作用，因此是蚯蚓较好的基料。

二、原料的处理

1. 原料的保管　原料的保管、存放过程实际上是原料处理的一个生产环节。如果存放时间较长则应对进场的原料有严格的技术质量检测标准。

干植物类的原料中含水分不超过 12%，沙土等混合杂物不超过 1%；粪肥类和下脚料类湿度不超过 25%，沙、土等混合杂物不超过 5%；垃圾中的无机类混合物，人工合成有机类物和不能加工于植物有机体等不允许存放于原料中。

存放前或来不及存放的要及时撒上生石灰以及灭蝇药之后用塑料薄膜盖严。堆放时要经过加工处理，防止第二次污染以及腐臭气味的发生。

2. 原料的加工　植物类干料的加工　主要是植物的茎叶，其加工有铡短和粉碎处理。要求半成品粒度可以通过千目筛，但 18 目以下的粉料不宜超过 20%，否则将影响基料的透气性。垃圾类植物要经过碱水浸泡消毒。

大型牲畜料的加工　主要是大型食草类牲畜的粪便。加工过程实际上就是晾晒，通过晾晒使粪便的含水量降到 20% 以下，然后再通过 2 目筛，将未通过的杂草晒干后归入干料加工。

中型畜禽料的加工　主要是杂食类动物粪便，其加工除进行晾晒和过筛外，还应撒入1%的生石灰粉末，进行消毒处理。

小型禽类料的加工　这类粪便易生蛆，而且及易腐臭，因此，应及时在烈日下晒干或进行人工烘干。如果不能及时干燥处理，可以加入适量的干锯末后待加工。

3. 原料的贮存　植物干料的贮存　植物干料的长期贮存应首先在库内地面上撒一层生石灰粉末，料的底部要有通风设施，防止发生细菌和病菌等有害微生物。

大型牲畜料的贮存　这类原料一般比较松散，透气性也较好，因此比较容易保存，但易着生霉虫等甲壳类昆虫，这就需要进一步处理，除进行打扫干净以外，还可以使用长效病虫净粉剂。如果处理不当，发生虫类危害时，可以用硫磺或高锰酸钾加甲醛熏蒸，将虫害杀死。

中型畜禽料的贮存　此类粪肥有一定的臭味，因此最好用半地下水泥池贮存。原料入池前也可加一些杀虫药剂，然后再用塑料薄膜封闭即可。

小型禽类料的贮存　此类粪肥臭味较浓，一般需要干燥后贮存，贮存时还应加入干燥锯末50%，草木灰40%，病虫净2%，生石灰3%，谷壳3%以及除臭剂2%（配方：活性炭43%、苯酚2%、苯甲酸钠2%、碳酸氢钠20%、硫酸铝10%、氢氧化铜1%、十二烷基硫酸钠2%、芳香剂2%）混合均匀后入库封闭贮存。

糊状以及液态料的贮存　含水分小一点的糊状料可以按照小型禽类料加工处理后贮存；含水分较高的液态下脚料，可以直接进入发酵池内组合到基料中，也可以加入少许纯碱沉淀后留取浓液混入苯甲酸钠2%进行贮存。

三、基料的配制

1. 基料的配方 基料的配方比较多，可根据养殖不同的蚯蚓种类以及原料不同具体选择不同配方。

配方一：茎叶类25%，大型牲畜料30%，中型畜禽料20%，小型禽类料20%，植物性糊液4%，动物性糊液1%。

配方二：茎叶类35%，大型牲畜料28%，中型畜禽料30%，动物性糊液7%。

配方三：茎叶类45%，大型牲畜料20%，小型禽类料30%，植物性糊液5%。

配方四：茎叶类30%，中型畜禽料30%，小型禽类料20%，酒糟20%。

配方五：大型牲畜料30%，小型禽类料38%，糖渣30%，饼粕2%。

配方六：茎叶类30%，大型牲畜料35%，烂蔬菜水果30%，动物性糊液5%。

配方七：大型牲畜料50%，中型畜禽料20%，废纸浆30%。

配方八：杂木锯末40%，小型禽类料50%，谷壳10%，潲水另加。

配方九：食用菌生产废料50%，中型畜禽料20%，动物脂性污泥30%。

配方十：甘蔗渣40%，甜味瓜果皮30%，粒状珍珠岩10%，纸屑20%。

2. 基料的制作 制作方法：选其中一个配方，先铺一层茎叶类料，再铺一层粪肥料，这样铺3～5层后，用洒水桶在料堆上慢慢喷水，直到四周有水流出时停止。料堆成方形或圆锥形。堆好料后一般第二天就开始自然升温，4～5天后堆内温度可升到60℃以上，冬季早晚可见堆上冒出的白烟。一星期后进行翻堆重新堆制，即将上层的翻到下层，边上的翻到中间，把粪料抖松和草料拌匀。如发现有白磨菌丝说明料有些干，则需要再加水调制，一星期后再翻堆重新制一次，如此反复2次，21天以后检查无酸臭等刺鼻气味，草料已腐烂，则可以打开料堆，让其散发有毒气体，调制好湿度，用pH值试纸检查pH值在5.5～7.5之间就可以使用了。为了稳妥起见，可先用20～30条蚯蚓做小区试验，观察投入的蚯蚓有无异常反应。如果蚯蚓活动正常，则说明基料配制成功，即可按标准大量投放蚯蚓。如果发现蚯蚓有死亡，逃跑，身体萎缩或肿胀等病变现象就不能使用，须查明原因，换料或继续发酵。如来不及重新备料，也可以在蚓床中加一些山土或茶园土作为缓冲，待制备好基料后再投放。

不同种类的蚯蚓其对基料选择也不一样：如爱胜属蚯蚓具有趋肥性，因此可选择肥力较大的配方；而环毛属蚯蚓就不需大肥，因此可选一些森林土、阴沟土等拌入其中使蚯蚓更容易生存。

第七章　蚯蚓的饲料

这里讲的蚯蚓的饲料实际上是对基料中营养物质的补充，通过添加一些饲料，达到蚯蚓繁殖更多、生长更快、产量更高、寿命更长的目的。

第一节　蚯蚓的基础代谢能

动物都有一个保持体内营养转化、代谢平衡的基本营养量，蚯蚓也不例外。

一、对基础代谢能的可满足程度

实践证明，要保持 100 克鲜蚯蚓在 30 天内不减体重，需要 1000 克蛋白质含量为 3%的基料，这就是一个蛋白质的平衡问题。

1. 对基料蛋白质含量的要求　鲜蚯蚓蛋白质的含量为 12%，如果要使蚯蚓在 30 天内保持 12%的蛋白质总量不变，则需要在 30 天内 1000 克基料中的蛋白质含量为 12 克，但是，从蚯蚓一次性换料的前提下测定分析基料中，蛋白质在蚯蚓体内自身的转化，蛋白质在能量方面的消耗，以及基料本身酶解和后期下落，使得利用率降低等方面的损失要高于 12 克。这样单靠基料中的蛋白质含量就很难满足蚯蚓生长繁殖的需要，这就要求平时添加饲料来补充基料中蛋白质的不足部分。

2. 提高基料的生态效应　由于基料中的营养成分不断地

被蚯蚓利用，其基料的比重不断增大，透气性也不断降低，这样基料的生态环境产生负效应，而不利于蚯蚓的生长和繁殖，因此在减少蚯蚓对基料直接利用的同时，也需要及时添加饲料。

二、满足基础代谢能的直接途径

1. 更换基料　更换基料以补充基料中蛋白质的消耗。虽然这种办法比较麻烦，而且劳动强度也比较大，但在没有补充饲料前提下，也只能采取此下策。

2. 投喂饲料　满足蚯蚓对基础代谢能的需要，除了可以直接从基料中获取外，还可以从投喂饲料的办法中，使蚯蚓获得基础代谢能。通过投喂饲料，可以使基料从投入幼蚯蚓，直至采收成蚯蚓连续使用不更换。

第二节　蚯蚓的饲料标准

一、蚯蚓饲料成分与营养价值

蚯蚓所需要的饲料大体可分为以下几大类：

1. 青饲料和青贮饲料　青饲料和青贮饲料中，含有较丰富的维生素等营养物质（表 7-1）。蚯蚓对青饲料和青贮饲料要求的种类比较多，因此应避免长期投喂单一饲料。

2. 能量饲料　能量饲料主要是指碳水化合物和脂肪，其碳水化合物主要是淀粉和糖类，同脂肪一起是维持蚯蚓生命的能源。能量饲料在谷物食物中含量较高（表 7-2）。

表 7-1 青饲料和青贮饲料的营养成分（%）

饲料种类	营养成分						
	粗蛋白	粗脂肪	粗纤维	无氮浸出物	粗灰分	钙	磷
苜 蓿	15.80	1.5	25.00	26.50	7.30	2.08	0.25
聚合草	2.90	0.60	1.80	4.90	2020	0.16	0.12
苦 菜	3.41	1.47	1.08	3.42	1.79	0.21	0.05
根达菜	14.10	4.80	12.70	30.00	15.50	0.14	0.18
浮 萍	1.60	0.90	0.70	2.70	–	0.19	0.04
水浮莲	1.07	0.26	0.58	1.63	1.30	0.10	0.02
水葫芦	1.00	0.17	1.37	3.08	1.58	0.35	0.03
胡萝卜	1.74	0.09	1.08	3.35	0.62	0101	0.04
胡萝卜叶	4.29	0.80	2.92	13.11	3.10	–	–
萝卜缨	2.4	0.4	0.2	–	–	0.41	0.08
莴苣叶	1.93	0.16	1.77	3.24	1.33	–	0.04
菠 菜	2.40	0.50	0.70	3.10	1.50	0.07	0.05
饲用甜菜	1.00	0.10	0.60	1.60	1.00	–	–
小白菜	1.10	0.10	0.40	1.60	0.80	0.09	0.03
白菜叶	0.11	0.17	0.93	4.36	2.04	–	–
青贮白菜	2.00	0.20	2.30	3.50	2.9	0.3	0.03
甘薯秧	1.40	0.40	3.30	5.00	1.40	–	–
青贮甘薯秧	2.70	7.40	4.90	7.30	5.20	0.60	0.17
甘 薯	1.6	0.4	0.6	72.3	0.6	–	–
饲用南瓜	0.36	0.20	0.66	3.01	0.47	–	–
南 瓜	1.55	0.21	1.41	3.79	0.67	–	–
青贮甜菜	1.32	0.56	3.22	5.11	2.42	–	–
青贮圆白菜	1.10	0.30	0.80	3.40	10.62	–	–
柳 叶	5.20	2.00	4.30	18.50	3.20	0.39	0.07
榆 叶	6.80	1.90	4.10	13.00	4.80	0.97	0.10
白杨叶	4.70	2.30	4.70	14.50	2.80	0.51	0.15
桑 叶	4.00	3.7	6.5	9.30	4.80	0.65	0.85
榆 花	3.8	1.00	1.30	8.40	3.50	–	–
槐 花	3.10	0.70	2.00	15.00	1.20	–	–
蒲公英	2.82	0.97	2.39	8.55	1.30	0.19	0.12

表 7－2　能量饲料的营养成分（%）

饲料种类	营养成分						
	粗蛋白	粗脂肪	粗纤维	无氮浸出物	粗灰分	钙	磷
小米粉	8.80	1.40	0.80	74.80	1.60	0.07	0.48
玉米粉	6.10	4.50	1.30	73.00	1.40	0.07	0.37
高粱粉	8.50	3.60	1.50	71.20	2.20	0.09	0.36
豌豆粉	23.30	1.10	5.40	57.10	2.70	0.12	0.38
大麦粉	10.80	2.10	4.60	67.60	3.30	0.05	0.46
黄豆粉	34.80	10.00	0.38	35.50	3.90	0.12	0.12
麦　麸	13.50	3.80	10.40	55.40	4.80	0.22	1.09
米　糠	10.80	11.70	11.50	45.00	10.50	0.21	1.44
玉米皮	10.10	4.90	13.80	57.00	2.10	0.90	0.17
高粱糠	10.90	9.50	3.20	60.30	3.60	0.10	0.84
小米壳	7.00	3.00	31.80	40.2	10.5	0.33	0.76
麸　皮	14.29	4.28	9.30	55.58	4.75	0.17	0.91
四号粉	14.75	3.61	5.69	59.58	3.38	–	–

3. 蛋白质饲料　蛋白质是蚯蚓生长繁殖的主要物质基础。因此衡量饲料是否达到标准，其重要指标就是蛋白质含量是否达到标准。因此蛋白质饲料是饲料配制中的重要部分。蛋白质饲料主要存在于豆类及动物性饲料中（表 7－3）。

4. 矿物质饲料　蚯蚓对矿物质的需要主要是钙、磷、钾等常量元素，是保证蚯蚓正常生长的关键物质，其含量主要集中于无机盐中（表 7－4）。

表7-3 蛋白质饲料的营养成分（%）

饲料种类	干物质	粗蛋白质	粗脂肪	粗纤维	无氮浸出物	灰分	钙	磷
豆　饼	86.0	42.2	4.2	5.7	45.6	5.5	0.029	0.33
花生饼	87.8	38.3	8.9	6.0	24.9	8.8	0.14	0.70
棉籽饼	93.8	28.2	4.4	11.4	33.4	6.5	0.60	0.60
棉仁饼	-	41.4	5.8	10.7	-	-	0.18	0.15
菜籽饼	87.6	31.2	8.0	9.8	78.1	10.5	0.27	1.08
葵化籽饼	93.8	29.2	5.2	22.4	30.8	6.3	-	-
芝麻饼	-	45.9	2.4	9.8	-	-	0.65	0.48
秘鲁鱼粉	91.0	61.3	7.7	1.00	24	19.6	5.49	2.81
舢鱼粉	92.3	51.3	7.1	-	-	24.3	4.05	1.77
骨肉粉	95.5	29.6	-	-	-	36.4	3.2	7.40
带鱼头尾	30.6	15.0	8.1	-	-	6.3	7.9	1.00
墨斗鱼内脏	17.1	11.8	2.8	-	-	1.1	-	-
血　粉	82.8	83.8	0.6	1.3	1.8	3.8	0.20	0.24
蚕	88.0	61.6	-	-	-	-	1.02	0.6
蛎肉粉	89.8	7.03	8.3	-	-	6.4	1.0	0.4
蚯蚓粉	99.0	70.3	8.3	-	-	6.4	1.0	0.4
粉　渣	8.6	0.9	-	2.5	-	0.32	0.6	0.13
豆腐渣	14.86	4.97	1.81	2.07	54.1	0.6	0.01	0.09
芝麻酱渣	90.23	39.15	5.41	9.75	17.16	18.76	0.87	-

表 7-4 无机盐饲料的营养成分（%）

饲料种类	干物质	粗蛋白质	粗脂肪	粗纤维	无氮浸出物	灰分	钙	磷
骨 粉	94.2	–	–	–	–	81.9	28.3	10.8
蛋壳粉	98.8	–	–	–	–	89.3	34.9	2.2
磷酸氢钙	97.2	–	–	–	–	84.0	24.3	13.8
大理石	–	–	–	–	–	–	38.12	–
石灰石粉	–	–	–	–	–	–	36.9	–

5. 添加剂

添加剂主要有微量元素添加剂和维生素添加剂（表 7-5、表 7-6、表 7-7）。

表 7-5 微量元素添加剂的质量标准

名称	含量	性状	重金属（铅）	砷盐	水分	氯化物	硫酸盐
硫酸铁	含 $FeSO_4$ 以上	灰白色粉末，无臭味	40 毫克/千克以下	3.3 毫克/千克以下	2%以下		
富马酸亚铁	含 $C_4H_2FeO_4$ 96.5%以上	红黄色或红褐色粉末，无臭味	10 毫克/千克以下	5 毫克/千克以下	1.0%以下		
琥珀枸橼酸铁钠	含（Fe）10.0%～11.0%	青白色带绿色粉末，无臭味	10 毫克/千克以下	2 毫克/千克以下	–		
DL-苏氨酸铁	含 $C_4H_9NO_9$ 58.0%～67.0%	淡黄色或淡褐色粉末，有微特异臭味	20 毫克/千克以下	5 毫克/千克以下	1.0%以下		

（续）

名称	含量	性状	重金属（铅）	砷盐	水分	氯化物	硫酸盐
硫酸亚铁	含 $FeSO_4 \cdot 7H_2O$ 98.5%～104.0%	淡蓝绿色柱状结晶或颗粒，无臭味，咸	20毫克/千克以下	2毫克/千克以下			
枸橼酸铁	含（Fe）16.5%～18.5%	赤褐色透明小叶片或赤褐色粉末	20毫克/千克以下	4毫克/千克以下	–		
硫酸铜（干燥）	含 $CuSO_4$ 85.0%	青白色结晶性粉末，无臭味	20毫克/千克以下	10毫克/千克以下			
硫酸铜（结晶）	含 $CuSO_4 \cdot 5H_2O$ 98.5%以上	青色结晶成块状或粉末状，无臭味	10毫克/千克以下	5毫克/千克以下			
碳酸锌	含Zn57.0%～60%以上	白色粉末，无臭味	80毫克/千克以下	5毫克/千克以下	3.0%以下		
硫酸锌（干燥）	含（Zn）80.0%以上	白色粉末，无臭味	20毫克/千克以下	10毫克/千克以下	–		
硫酸锌（结晶）	含 $ZnSO_4 \cdot 7H_2O$	无色结晶或白色结晶性粉末	10毫克/千克以下	5毫克/千克以下	–		
碳酸锰	含Mn42.8%～44.7%	淡褐色粉末，无臭味	20毫克/千克以下	5毫克/千克以下	3.0%以下		

（续）

名称	含量	性状	重金属（铅）	砷盐	水分	氯化物	硫酸盐
硫酸锰	含 $MnSO_4$ 95.0%	淡红色结晶或带红色粉末	10毫克/千克以下	5毫克/千克以下			
碘化钾	含（KI）99.0%以上	无色或白色结晶性粉末，无臭味	10毫克/千克以下	5毫克/千克以下	1.0%以下		
碘酸钾	含 $KIO_3$99.0%	白色结晶或白色结晶性粉末，无臭味	10毫克/千克以下	5毫克/千克以下	-		
磷酸氢钾	含 K_2HPO_4 98.0%以上	白色结晶或块状	20毫克/千克以下	2毫克/千克以下	0.5%以下		
氯化钾	含 KCl99.0%以上	无色结晶或白色结晶性粉末	20毫克/千克以下	2毫克/千克以下	3.0%以下		
磷酸二氢钾（干燥）	含 KH_2PO_4 98.0%以上	无色结晶或白色结晶性粉末	20毫克/千克以下	2毫克/千克以下	0.5%以下	0.01%以下	0.02%以下
碳酸钴	含 Co47.0%～52.0%	淡红色粉末或暗紫色粉末，无臭味	20毫克/千克以下	5毫克/千克以下	3.0%以下		
硫酸钴（结晶）	含 $CoSO_4 \cdot 7H_2O$ 98.0%～103.0%	有光泽的暗赤色结晶，或桃红色砂状结晶，无臭味	10毫克/千克以下	5毫克/千克以下	-		
硫酸钴（干燥）	含 $CoSO_4$90%～110%	桃红色粉末，无臭味	20毫克/千克以下	10毫克/千克以下	-		

表 7-6 饲料添加剂分类

类别	主要添加剂品种
营养添加剂 氨基酸	甘氨酸、DL-丙氨酸、盐酸L-赖氨酸、L-谷氨酸钠、DL-色氨酸、L-色氨酸、DL-蛋氨酸
维生素	L-抗坏血酸、L-抗坏血酸钙、乙酰甲萘醌（维生素 K_4）、肌醇、骨化醇（维生素 D_2）、氯化胆碱、硫酸硫胺素、盐酸吡哆醇、胆骨化醇（维生素 D_3）、乙酸 dⅠα-生育酚、维生素 B_{12}、硝酸硫胺素、烟酸、烟酰胺、对氨基苯甲酸、D-泛酸钙、DL-泛酸钙、d-生物素、维生素A粉、维生素A油、维生素D粉、维生素 D_3 油、维生素E粉、亚硫酸氢二甲基嘧定醇甲萘醌（维生素 K_3）、亚硫酸氢钠甲萘醌（维生素 K_3）叶酸、核黄素、核黄素丁酸酯
矿物质	氯化钾、柠檬酸铁、琥珀酸柠檬酸铁钠、氢氧化铝、碳酸锌、碳酸钴、碳酸氢钠、碳酸镁、碳酸锰、DL-苏氨酸铁、乳酸钙、延胡索酸铁、碘化钾、碘酸钾、碘酸钙、硫酸锌（干燥）、硫酸锌（结晶）、硫酸钠、硫酸镁（干燥）、硫酸镁（结晶）、硫酸钴（干燥）、硫酸钴（结晶）、硫酸铁（干燥）、硫酸铜（干燥）、硫酸铜（结晶）、硫酸锰、磷酸一氢钾（干燥）、磷酸一氢钠（干燥）、磷酸二氢钾（干燥）、磷酸二氢钠（干燥）、磷酸二氢钠（结晶）等
生长促进剂 抗生素	杆菌肽、土霉素季铵盐、双羟萘酸螺旋霉素、恩拉霉素、柱晶白霉素、金霉素、盐霉素钠、硫肽菌素、越霉素A、潮霉素B、维及尼霉素、黄磷脂霉素、聚苯乙烯磺酸竹桃霉素、大炭霉素、杆菌肽锰、莫能菌素钠、硫酸粘菌素、硫酸弗氏霉素、磷酸泰乐菌素、比考扎霉素、拉沙里菌素钠等
合成抗菌药物	氨丙啉·衣索巴合剂、氨丙啉·衣索巴·磺胺喹恶啉合剂、喹乙醇、辛羟肟酸、氯羟吡啶、癸氧喹醇、尼卡巴嗪、硝呋烯腙、甲硝咪唑、阿散酸、呋喃唑酮等

（续）

类别	主要添加剂品种
激素	己烯雌酚、甲状腺素、抗甲状腺素、睾酮孕酮、二羟基苯甲酸内酯、生长激素等
酶制剂	蛋白酶、脂肪酶、纤维素酶、果胶酶、淀粉酶、细胞酶等
生菌剂	乳酸杆菌、枯草杆菌、双歧杆菌、孢子酪酸菌、孢子杆菌等
驱虫保健剂抗球虫剂	氨丙啉、氨丙啉·衣索巴合剂、3，5－二硝基邻苯甲酰胺、二甲硝咪唑、氯羟吡啶、癸氧喹酯、莫能菌素钠、氯苯胍、洛硝哒唑、异丙硝哒唑、氯羟吡定·7－苯甲酰氧基－3－正丁基－甲氧羰基－4－羟基喹啉合剂、氟腺呤、拉沙里菌素钠、尼卡巴嗪、Nifursol、氨丙啉·磺胺喹恶啉·衣索巴合剂、氨丙啉、磺胺喹恶啉·衣索巴·乙胺嘧定合剂、常山酮、Narasin 等
驱虫剂	潮霉素 B、越霉素 A 等
饲料保存剂抗氧化剂	L－抗坏血酸、L－抗坏血酸钠、L－抗坏血酸钙、5，6－二乙酰基－L－抗坏血酸、6－棕榈酰基－L－抗坏血酸、从天然物提取的生育酚、合成 α－生育酚、合成 γ－生育酚、合成 β－生育酚、没食子酸丙酯、没食子酸辛酯、没食子酸十二酯、丁基羟基茴香醚（BHA）、二丁基羟基甲苯（BHT）、乙氧喹等
防霉剂，防腐剂	山梨酸、山梨酸钠、山梨酸钾、山梨酸钙、对羟基苯甲酸乙酯、对羟基苯甲酸乙酯钠、对羟基苯甲酸丙酯、对羟基苯甲酸丙酯钠、对羟基苯甲酸甲酯、对羟基苯甲酸甲酯钠、亚硫酸氢钠、焦亚硫酸钠、甲酸、甲酸钠、甲酸钙、乙酸、乙酸钾、乙酸钠、乙酸钙、乳酸、丙酸、丙酸钠、丙酸钙、丙酸钾、甲酸铵、dⅠ－苹果酸、延胡索酸、乳酸钠、乳酸钾、乳酸钙、柠檬酸、柠檬酸钠、柠檬酸钾、柠檬酸钙、酒石酸、酒石酸钠、酒石酸钾、酒石酸钠钾、磷酸、1，2－丙二醇等
青贮添加剂	甲酸、甲醛、甲酸＋甲醛、苯甲酸丙酸菌类酵母、非蛋白氮化合物、微量元素盐类等
粗饲料调制剂	氢氧化钠、氢氧化钙（石灰水）、无水氨等

（续）

类别	主要添加剂品种
饲料蛋白添加剂	尿素、缩二脲、磷酸尿素、异丁叉二脲、缩三脲、氰尿酸、磷酸氢二铵、氯化胺、硫酸铵等
其他类添加剂食欲增进剂	所有天然及合成的芳香调味剂，柠檬酸、酒石酸、苹果酸、乳酸、延胡索酸、琥珀酸、乙酸、乙二酸、磷酸、抗坏血酸、葡萄糖酸、草酸、（安息香酸等，酸味剂、蜜糖、糖精等甜味剂，蒜粉）味精、食盐等辣味剂、鲜味剂、咸味剂等
着色剂	类胡萝卜素类与叶黄素类、辣椒红、β－阿朴－8－胡萝卜醛、β－阿朴－8′－胡萝卜素酸乙酯、叶黄素、隐黄素、堇菜黄质、斑蝥黄、玉米黄质、柠黄质、所有食用色素等
黏结剂、防固化剂、凝集剂	柠檬酸、硬脂酸钠盐、钾盐和钙盐、木质素磺酸盐类、水合硅酸、胶体硅、干凝胶、硅酸钙（合成）、硅酸铝钠（合成）、炔滑石及绿泥石的天然混合物(不含石棉)、膨润土与蒙脱石、蛭石、高岭土（不含石棉）
乳化剂、稳定剂、黏化剂、胶化剂	卵磷脂类、藻蛋白酸、藻蛋白酸钠、藻蛋白酸钾、藻蛋白酸铵、藻蛋白酸钙、藻蛋白酸－1，2－丙二酯、琼脂、鹿角菜胶、角豆荚胶、罗望籽粉、古柯胶、黄蓍胶、阿拉伯胶、黄原胶、山梨糖醇、麦芽糖醇、甘油、果胶、三聚磷酸钠、微晶纤维素、甲基纤维素，乙基纤维素，羟丙基纤维素、羟丙基甲基纤维素、甲基乙基纤维素、羧甲基纤维素、由可食性脂肪或蒸馏脂肪酸而来的脂肪酸的钠盐、钾盐或钙盐、甘油单脂肪酸酯与二脂肪酸酯，乙酸、乳酸、柠檬酸、酒石酸、单乙酰基与二乙酰基酒石酸等的单酸甘油酯与二酸甘油脂，蔗糖脂肪酸酯，非聚合物－食用脂肪酸和聚甘油酯，丙二醇单脂肪酸酯，硬脂酸乳酸，硬脂酸乳酸钠，硬脂酸乳酸钙，硬脂酸酒石酸，聚乙二醇蓖麻酸甘油脂，葡聚糖，大豆油肪酸聚乙二醇酯，动物脂肪的脂肪酸聚氧乙烯甘油酯，还原油酸，由棕榈酸而得的醇与聚甘油酯，1，2－丙二醇，山梨糖醇酐三硬脂酸酯，山梨糖醇酐单月桂酸酯，山梨糖醇酐单油酸酯，山梨糖醇单棕榈酸酯，丙二醇 6000，聚氧丙烯－聚氧乙烯聚合物（相对分子质量 6800～9000）

表 7－7　各种维生素添加剂的质量标准

添加剂名称	含量	粒度（万颗粒数/克）	容重（克/毫升）	熔点（℃）	重金属（毫克/千克）	砷盐（毫克/千克）	水分（%）
维生素 A 乙酸酯	50 万国际单位/克 标示量：90%～130%	10～100	0.6～0.8		<50	<4	<5.0
维生素 D_3	10～50 万国际单位/克标示量：90%～120%	10～100	0.4～0.7		<50	<4	<7.0
维生素 E 乙酸酯 吸附物 胶体包被 喷雾干燥	标示量 95%～120% 50% 25% 50%	100	0.4～0.5		<50	<4	<7.0
维生素 K_3 MSB MSBC MSB 包被 MPB	 94% 50% 50% 50%	100	0.55	104～107	<20	<4	
维生素 B_1	90%～102%	100	0.35～0.4	193	<20		<1.0
维生素 B_2	96%	100	0.2	280		<1.5	
维生素 B_6	98%	100	0.6	206	<30		0.3
烟酸	99%	100	0.5～0.7	234～238	<20		<0.5
泛酸钙	98%	100	0.6				<20毫克/千克

（续）

添加剂名称	含量	粒度（万颗粒数/克）	容重（克/毫升）	熔点（℃）	重金属（毫克/千克）	砷盐（毫克/千克）	水分（%）
叶酸	98%	100	0.2				<8.5
生物素	2%	100					
维生素 C	99%		0.5~0.9				
氯化胆碱 液态 固态	 70%~75% 50%		1.1		<20		<30
维生素 B_{12}	1%						

二、蚯蚓饲料的营养标准

1. 饲料的营养标准　从国内外对各种蚯蚓的营养成分结果，代谢能为 10199.2 千焦，粗蛋白质 61%~66.5%，粗脂肪 7.9%~12.8%，碳水化合物 8.2%~14.2%，钙 0.4%，磷 0.6%，赖氨酸 2.01%。组氨酸 0.96%，缬氨酸 2.15%，亮氨酸 3.57%，精氨酸 2.96%，苯丙氨酸 1.69%，此外，蚯蚓体内还含有铁、锰、锌、碘等多种矿物质元素。

2. 不同生长期蚯蚓对营养的要求　蚯蚓在不同的生长期，即幼蚓和种蚓的生长期、中蚓生长期以及成蚓生长期，其所需的饲料标准也不尽相同，因此应区别对待，切不可千篇一律。以蛋白质、钙，磷等为主列表 7-8 所示。

表 7-8 蚯蚓的饲料成分标准

项目	幼蚓、种蚓	中蚓	成蚓
蛋白质（%） 钙（%） 磷（%）	16	14	12
矿物质添加剂	0.08	0.06	0.05
氨基酸添加剂	0.2	0.1	
维生素添加剂	0.3	0.2	0.1

三、饲料的配制要求

1. 幼蚯蚓、种蚯蚓饲料的配制要求 幼蚯蚓的消化系统还比较脆弱，其砂囊筋肉质厚壁还没有完全形成，不具有磨碎食物的能力。种蚯蚓由于担负着繁殖的重任，其采食量也会增加，因此其饲料和幼蚯蚓基本相同，总体要求是：饲料要细腻，一般在 30～40 目之间；经过严格发酵后绵软，无硬颗粒；可塑性较强，而不粘连；不腐不臭，无其他异味发生。

2. 中蚯蚓、成蚯蚓饲料的配制要求 中、成蚯蚓的饲料配制相对幼、种蚯蚓的饲料配制要粗放一些，一般来讲，只要食而不剩，余而不腐即可。总体要求是：细度可掌握在 20～30 目之间，不腐不臭，无较大颗料即可。

第三节 蚯蚓饲料的配制

一、饲料配制中的原料选择

由于基料中存在有蚯蚓生长繁殖所需的营养物质，但是随着饲养时间的增长，基料中的营养物质已不能适应蚯蚓生长繁殖所需的营养，尤其在成蚓的后期育肥阶段，补充饲料就显得更加重要。补充的饲料主要分为以下几大类：

1. 植物性原料 谷物类的能量饲料如大米、小麦、高粱、玉米、黍子等，其营养特点是：高能量、低蛋白质，一般干物质中粗蛋白质含量低于20%，粗纤维低于18%，无氮浸出物高于60%，而且维生素、矿物质的含量也较低。作为全价营养饲料有明显的不足，可作为蚯蚓育肥期的重要饲料。

豆类饲料如大豆、红豆、绿豆等，其营养特点是：高蛋白质、高脂肪、高糖类。以大豆为例，其蛋白质可以达到41.2%，脂肪达到20%，糖类达到28%，因此在配备蚯蚓全价营养饲料时，豆类饲料是比较理想的首选饲料。同时大豆还含有丰富的矿物质和维生素，经测定，大豆中钙的含量是小麦的15倍，磷的含量是小麦的7倍，铁的含量是小麦的10倍；维生素B的含量是小麦的110倍，维生素B_2的含量是小麦的9倍。

饼粕类饲料 如豆饼、豆粕、花生饼、芝麻饼、棉籽饼、菜籽饼等，其营养特点是：高蛋白质、低脂肪。如豆饼的蛋白质含量在42%，而脂肪含量只有4%；花生饼的蛋白质含量在39%，而脂肪含量只有9%；棉籽饼的蛋白质含量在28%，而脂肪含量只有4%；菜籽饼的蛋白质含量在31%，而脂肪含量只有8%。因此，饼粕类饲料是幼、种蚯蚓的最佳饲料。

2. 动物性原料

动物性原料 如宰杀场废水、淤泥、肠黏膜、肉皮洗刷水、鱼肠、虾糠、饭店泔水、蛹蛆等，其营养特点是：增强动物性蛋白质的亲和性和适口性。动物性原料的蛋白质含量也比较高，如血粉的蛋白质含量为84%，而脂肪含量只有0.6%；

骨肉粉的蛋白质含量为30%。因此动物性原料运用得当，也会收到明显的效果。

3. 矿物质原料和维生素原料 矿物质和维生素是蚯蚓体内组织和细胞中不可缺少的重要成分，在蚯蚓的代谢以及生长繁殖中都起重要作用，因此在饲料配制时要注意添加微量元素和维生素。

二、饲料的配制

1. 幼、种蚯蚓的饲料配制 幼蚯蚓是指1月龄以内的小蚯蚓，其配方和种蚯蚓基本相同，大体上配方比例为蛋白质饲料占70%，能量饲料占29%，饲料添加剂占1%。具体配方如下：

配方一 豆腐渣40%、麦麸20%、次粉10%、棉饼10%、大豆粉10%、肉骨粉5%、豆饼4%、微量元素添加剂0.1%、氨基酸添加剂0.2%、维生素添加剂0.3%、米酒曲0.4%。

配方二 发酵鸡粪30%、饭店泔水25%、菜籽饼17%、豆腐渣17%、次粉10%、微量元素添加剂0.1%、氨基酸添加剂0.1%、维生素添加剂0.3%、米酒曲0.5%。

在具体操作时，首先取少量的粉料加入各类添加剂后，搅拌均匀，并拌入米酒曲，再和其他饲料一块搅拌均匀，然后加水（原料水的含量在30%~40%之间）后继续搅拌，以用手捏即成团，而轻轻晃动能散开；再后置于20~26℃下发酵24~48小时，发酵时如果外界温度较低，可以覆盖塑料薄膜，发酵至有酒香时为止；最后可翻堆一次，继续发酵。发酵成功后，稍微摊亮一下即可使用。

2. 中蚯蚓的饲料配制 中蚯蚓即1~2月龄的生长期蚯

蚓。中蚯蚓是蚯蚓一生中生长最旺盛的时期，其饲料的消耗量比较多，因此饲料配比也可以粗放一些，防止在此生长期营养过剩。其总体配方是：蛋白质饲料占50%，能量饲料占49%，饲料添加剂占1%，具体配方如下：

配方一　发酵鸡粪40%、甘薯粉20%、米糠10%、酒糟10%、棉籽饼10%、菜籽饼9%、氨基酸添加剂0.3%、微量元素添加剂0.3%、维生素添加剂0.4%。

配方二　废肠黏液20%、米糠20%、饭店泔水15%、酒糟30%、玉米粉10%、芝麻饼40%、氨基酸添加剂0.3%、微量元素添加剂0.3%、维生素添加剂0.4%。

制作方法和幼、种蚯蚓饲料制作方法基本上相同。

3. 成蚯蚓的饲料配制　中蚯蚓结束以后，除挑选留做种蚯蚓以外，其他都作为成蚯蚓，因此，成蚯蚓实际就是商品蚯蚓的育肥期。管理以及饲料使用上可以更加粗放一些，如可以用发酵的牛粪、动物性下脚料等。有条件的还是最好用配合饲料，其具体配方如下：

配方一　发酵鸡粪50%、酒糟30%、菜籽饼10%、大豆粉9%、氨基酸添加剂0.2%、微量元素添加剂0.2%、维生素添加剂0.3%、黄曲0.3%。

配方二　酒漕50%、饭店泔水30%、玉米粉10%、棉籽饼9%、氨基酸添加剂0.2%、微量元素添加剂0.2%、维生素添加剂0.3%、黄曲0.3%。

配方三　发酵鸡粪50%、糖渣30%、水果皮10%、棉籽饼9%、氨基酸添加剂0.3%、微量元素添加剂0.5%、维生素添加剂0.2%。

配方四　豆腐渣60%、米糠10%、次粉10%、废鱼下杂

10%、饭店泔水 9%、氨基酸添加剂 0.3%、微量元素添加剂 0.3%、维生素添加剂 0.4%。

配方五　饭店泔水 60%、发酵鸡粪 30%、豆饼 9%、氨基酸添加剂 0.3%、微量元素添加剂 0.3%、维生素添加剂 0.4%。制作方法基本上和上述两种饲料制作相同。如果用饭店泔水较多，最好经过陈腐 48 小时，经搅拌释放有害气体之后再用。

4. 注意事项　原料选用时要注意：一是发霉变质的原料不可直接使用；二是有农药污染的原料不可使用；三是酸性较大（或碱性较大）的原料不可直接使用。

饲料配制时要注意：一是配方中的计量是以干物质为单位，因此配制含水分的原料时，要扣除水分；二是发酵，发酵时产生高温的原料，要经过事先发酵处理；三是一般添加剂曲菌类不参与发酵过程。

第八章　蚯蚓的日常管理

第一节　基料的铺设

一、养殖池的铺设

1. 孵化池的铺设　首先用“消毒灵”对全池四周进行喷洒消毒处理，24 小时后再用清水冲洗一次，待池壁风干具有一定吸水性时，于池的四周再喷上一遍 500 倍液的“益生素”；最后进行分层铺设基料。基料铺设完成以后，可将待孵化的蚯茧置于孵化池内，即可孵化了。

2. 产茧池的铺设　产茧池不宜太厚，除按孵化池的铺设进行消毒处理外，还应对上层 2 厘米的厚度进行特殊处理，一般用浓度为 1000 倍液的“益生素”喷施后，加盖轻质泡沫板，以保证上面表层不受风吹日晒，稳定基料的相对湿度。

3. 中、成蚯蚓池的铺设　由于中、成蚯蚓生长旺盛，人工养殖的密度也比较大，基料铺设的厚度比较深（一般在30～50 厘米），因此在铺设基料时要进行特别处理：首先应按孵化池的铺设标准，对全池进行消毒；其次要设置通气孔，通气孔可用直径为 10 厘米的竹筒、塑料管，体壁钻上孔洞代替，夏季每平方米可设置 3 个，春秋季节可设置 1 个，冬季可不用通气孔；再次要铺设垫层和中间层，垫层应将较粗大的禾、菽茎秆，如玉米秆、高粱秆、大豆、花生等韧性比较好的农作物秸秸秆铺于池底，一般厚度为3厘米左右，人工用脚踏实。在底层上面铺一层旧报纸即可铺设基料了，在铺设基料时要拌入0.5%的增氧剂。最后铺设表层，表层的处理和产茧池的表层处理基本相同，但要注意通气孔直立，防止倒斜。

4. 幼蚓池的铺设　幼蚓池也可以和孵化池合并为一起，除按中、成蚯蚓池的铺设以外，由于幼蚓比较小，上下活动比较困难，因此还应在基料中间设置圆锥形投料管，一般以0.5平方米设置一个。投料管可以制作成底下大（直径可以在20~30厘米之间），上面小（直径可以在5~10厘米之间）。投料管可以专门制作，也可以用柳条、荆条人工编制（图8-1）。

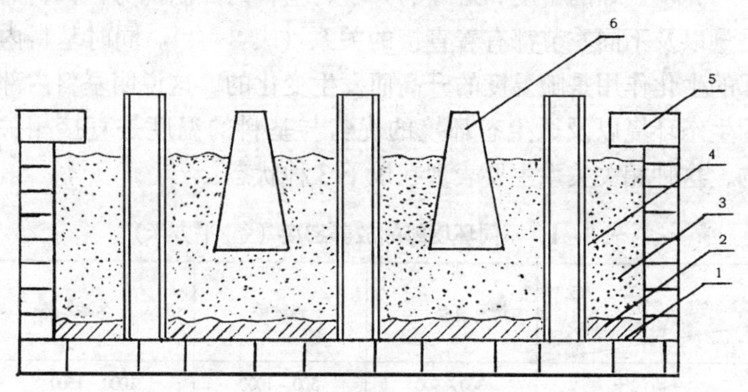

图8-1　养殖池的示意图

1. 养殖池内壁　2. 垫层　3. 基料　4. 通气孔　5. 防逃弯头　6. 投料管

二、简易养殖池的铺设

简易养殖池往往都是一些试验性、示范性养殖规模比较小的养殖池。实际上养殖池越小其操作难度就越高，这是因为养殖池小其基料的容量就少，缓冲能力就差，温度、湿度控制就比较难，因此在基料铺设完成以后，在管理上还要时刻注意各项指标的变化。

第二节　养殖池的生态控制

养殖池内的生态环境受多方面的影响，如四季气候的变化、局部环境的影响等，因此在实际生产中应区别对待。

一、投放密度

养殖蚯蚓的密度和蚯蚓的大小、基料的配制优劣、饲料的质量以及不同季节都有着直接的关系（表 8-1）。同时基料内部的生化作用是随温度的升高而发生变化的，这说明基料内部的生态环境以及微生态环境的优劣与基料的温度是直接相关的，这种相关关系主要表现在以下 3 种状态：

表 8-1　不同环境蚯蚓放养密度（条/平方米）

环境 \ 密度 \ 季节	夏季	春秋季	冬季
一般泥土	300～500	500～1000	1000～1500
只有基料	1万～2万	2万～3万	3万～5万
只有饲料	0.8万～1万	1万～2万	2万～3万
基料加饲料	8万～10万	10万～15万	15万～20万

1. 维持平衡关系　如果基料产生热反应，而此时的外界环境温度较低，如冬季、秋末、春初等，可以使基料产生的热与外界的热量不足相补充，这样使蚯蚓更适应环境，因此，这

种关系要尽量维持，使其达到相对平衡的状态。

2. 改善恶化关系　如果外界温度不断升高，就会威胁到基料的正常温度，蚯蚓的正常生活环境就会恶化，因此，要想办法降低温度，如增加喷水次数、覆盖农作物秸秆等措施。同时如果外界温度正常，而基料内的温度不断增加，也同样会威胁到蚯蚓的正常生活，首先要查找原因，如果是基料发酵不彻底而造成的，则应在基料中增加腐殖土或把基料清出后重新发酵。

3. 处理过失关系　如果外界温度比较低，而基料内部产生的温度不足抵补外界的低温，则应当采取相应的补救措施，如农作物覆盖、塑料薄膜覆盖等。如果这些简单的措施还不行，则应将蚯蚓进行休眠处理或移入日光温室内继续养殖。

二、温度的控制

蚯蚓属变温动物，其生活的最佳温度在 20～25℃，因此要使蚯蚓的生存环境达到最佳状态，温度的最佳状态是关键。而我国大部分地区属大陆性气候，即一年四季分明，这样一年四季的温度管理应有所区别：

1. 春季的温度管理　当气温稳定通过14℃时，可将过冬时覆盖的塑料薄膜撤去，但如果是繁殖种群和孵化期蚓茧温度低于 18℃，而生长期的蚯蚓温度低于 10℃，则应采取加温补救措施：

一是厩肥加温法　首先在基料上按每平方米挖一个直径为 30 厘米，深为基料 2/3 的圆洞；其次将消毒处理的厩肥，如鸡粪、猪粪、牛粪等填入预先挖好的圆洞内，上部覆盖原来的基料；最后观察温度的变化，如果温度上升不到 25℃，这说

明厩肥发酵不理想，则可以在厩肥中加入米酒曲之类的酵曲协助升温，如果温度升得较高，在60℃以上，则说明加入的厩肥过量，则可清除一部分厩肥，使温度降到蚯蚓所需要的最佳温度状态。

二是红外线加温法 首先将红外线加温器按每平方米一支埋入基料的偏低部分，导线插头接通电源即可；其次观察温度的变化，如果温度上升的较慢，可增加加热器的数量或加大加热器的功率，相反如果温度上升较快、温度较高，则应减少加热器的数量或换成功率较小的加热器；最后要定期对加热器进行检查、维修，发现有问题，如加热器损坏、导线裸露等应及时处理。

2. 夏季的温度控制 我国的夏季南北温差比较小，温度都普遍较高，外界温度超过30℃的时间比较长，因此，夏季应做好防暑降温工作。主要应做好以下几方面：

一是种植遮荫作物 可以在养殖蚯蚓的基料上方，架设天棚，种植一些藤蔓植物，如葡萄、丝瓜、葫芦、苦瓜、黄瓜、瓜蒌等。通过这些藤蔓的枝叶遮挡烈日，为蚯蚓酿造一个清晾舒适的小环境。

二是设置遮阳网 如果没有来得及种植藤蔓类植物或种植失败，则应从市场上购置遮阳网，搭建在棚架上，起到遮阳的作用。

三是适时喷水 如果条件允许，最好在基料的上方设置喷水系统。通过喷水和基料中的水分蒸发，也可以起到降温的作用。

3. 秋季的温度控制 秋季是蚯蚓一年中最佳繁殖季节，也是商品蚯蚓的育肥期，因此抓好秋季管理十分重要。而进入秋季昼夜温差较大，雨水又较多，因此要抓好以下几个环节：

一是及时补充新基料　由于秋季的蚯蚓繁殖和育肥都需要大量的营养物质，除搞好饲料的投放外，还应该考虑基料的营养物质，因此应及时分批分期更换基料，同时更换基料还可以提高基料内的温度，以补充秋季外界温度下降的不足。

二是覆盖保温材料　晚上气温较低时可覆盖农作物秸秆或覆盖塑料薄膜增加基料中的温度，白天温度高时可将覆盖物掀开。雨天则应在基料上覆盖塑料薄膜，防止大量的雨水浸入基料中，使基料湿度过大，而造成蚯蚓或把蚯蚓浸泡起来，这些都对蚯蚓的生长繁殖极为不利。同时还要注意下雨天气的排涝工作。

三是采取增温措施　如果覆盖保温材料达不到蚯蚓生长繁殖所需要的最佳温度状态，则应采取增温措施。其方法是可以在基料的上方安装红外线增热器，通过红外线的热辐射作用，使基料内的温度增高。

4. 冬季的温度控制　冬季的寒冷气候对蚯蚓的生长繁殖极为不利，如果没有采取保护性措施，则应让蚯蚓进入冬眠状态。但如果全年生产，则应在日光温室内进行，即使这样，在北方（长城以北地区），地下还应设置地热措施，以保证蚯蚓的安全过冬。

三、湿度的调节

湿度是养殖蚯蚓成败的又一个关键指标。基料中的湿度，也称为含水率一般用“SH”表示，在测定基料中的含水率时用下列公式表示：

$$SH = \frac{\text{基料总重} - \text{基料干物质}}{\text{基料总重}} \times 100\%$$

1. 含水率的监测　监测基料中的含水率是日常管理中的重要工作。基料的湿度因种类不同其要求基料含水率有所区别，即使相同的基料其不同部位的含水率也不尽相同，不能因片面而掩盖整体，造成湿度的失控。因此在具体测定时，应取基料的上、中、下3部分，分别测出具体数据后，再用加减平均的办法取值。测定的方法也比较多，比较精确的数据可用电烤法：取10克基料放入电烤箱中烤干后称重，如还剩下4克，则说明基料的含水率为60%。但是在生产实践中不可能都取出来去烤干，这样就有一个经验测定法：用手抓起来能捏成团，轻轻晃动能散开，其含水率为30%～40%；用手捏成团后，手指缝可见水痕，但无水滴，其含水率为40%～50%；用手捏成团后，手指缝见有水积，有少量滴水，其含水率为50%～60%；用于捏成团后，有断接的水滴，其含水率为60%～70%；用手捏成团后，水滴成线状下滴，其含水率为70%～80%；如果用手抄上来基料，没有手捏就有水滴成线状下滴，其含水率在80%以上。

2. 基料过湿的处理　造成基料过湿的原因比较多，主要有以下几方面：

一是滤水层阻塞　尤其在雨季，雨水冲积基料中的泥水，往往容易阻塞滤水挡板，因此应经常检查、清理。同时还应注意通气筒的清洗工作，保证基料中氧气的含量。

二是蚓粪沉积过厚　随着蚯蚓采食基料而排出粪便，大量的粪便沉积后，造成基料松散下降，透气性降低，就容易出现湿度过大或积水现象。

三是饲料水分过大　饲料中含水率较高，一方面饲料中的水分直接进入基料中，另一方面蚯蚓采食高水分的饲料后，粪

便的水分含量也比较高，造成基料中的水分间接提高。

处理基料中的湿度较大（或水分较高）的方法比较多，各地应根据情况具体掌握。但最常用的方法就是更换部分基料，同时还要注意饲料中的含水量。

3. 基料过干的处理 基料中的湿度过大对蚯蚓的生长繁殖不利，而基料过干对蚯蚓的生长繁殖也相当不利。造成基料过干的原因比较多，如空气中湿度较小，基料中的水分蒸发较快等。处理的方法：一是增加喷水的次数，补充基料中的水分；二是覆盖农作物秸秆，减少基料中的水分的蒸发；三是借助投喂含水分较多饲料，来增加基料中的水分。

四、温度和湿度的相对平衡

温度和湿度虽然是养殖蚯蚓的两个重要指标，但其有一定的内在关系，即温度和湿度的相对平衡。当温度高时，一方面基料的透气性增强，可容纳较多的水分，另一方面基料中的水分蒸发也比较快，因此要加大基料中的水分，提高基料的湿度；相反，当温度低时，则一方面基料的透气性降低可容纳的水分较少，另一方面基料中的水分蒸发较慢，因此要减少基料中的水分，降低基料的湿度。维持好温度和湿度的正比例关系十分重要，对高温度、低湿度或低温度、高湿度都会对蚯蚓的生长繁殖造成威胁。

第三节 蚯蚓的饲喂

不同生长期的蚯蚓，所选用的饲料不同，其饲喂的方法也不尽相同。

一、幼蚯蚓的饲喂

幼蚯蚓投喂的饲料，以比较松散而且含水分较小的饲料为主，防止投喂饲料的湿度过大、过稀，而造成中、下层阻塞，减少透气性、缺氧等现象，使幼蚯蚓不适或死亡。投喂方法如下。

1. 饲料管饲喂法 由于幼蚯蚓的行动取向是根据周龄的增长而逐步向基料下面深入的，为了减少蚯蚓上下运动的相互干扰，有必要在基料的中间层设置饲料管，使下层的蚯蚓不用到达上层也可以采食到饲料。

用饲料管投喂饲料，要经常观察投入饲料管内蚯蚓对饲料的采食情况，既不要出现饲料的剩余，这样会降低饲料的新鲜度和适口性，又不能出现因饲料不足，而造成蚯蚓之间相互争食，影响到整体生长发育。

2. 草垫饲喂法 草垫饲喂法适合投喂一些比较稀、含水较高的饲料。首先要编制草垫。可用稻草等较长、而又绵软的农作物秸秆编制成长、宽、厚分别为 60 厘米、30 厘米、2 厘米的长方形草垫。草垫的要求：密而不紧，松而不散为原则。草垫编制好后要在 3%的生石灰水中浸泡 24 小时，使草垫软化并消毒。其次是放置草垫。为了操作时方便，草垫一般顺着基料的方向摆放 ，纵向可摆放 3 排，每平方米可放置 4 个草垫（图 8－2)，最好能在草垫上喷一些蔗糖水，作为初步驯化蚯蚓的引诱剂。再次是投喂饲料。将饲料调和适中后，以勺舀置草垫上（用一半），舀出的量以不溢出草垫边沿为准，然后，将草垫无饲料的一半向上折叠置饲料上，将饲料盖上。最后是喷水清垫。当饲料向下渗透完毕以后，便打开草垫折叠部分，用清水喷雾清洗干净，并喷一层“益生素”，防止霉变、生虫和招来蝇蚊等。草垫可不收起，这样既有利于基料保湿，又方便蚯蚓取食。

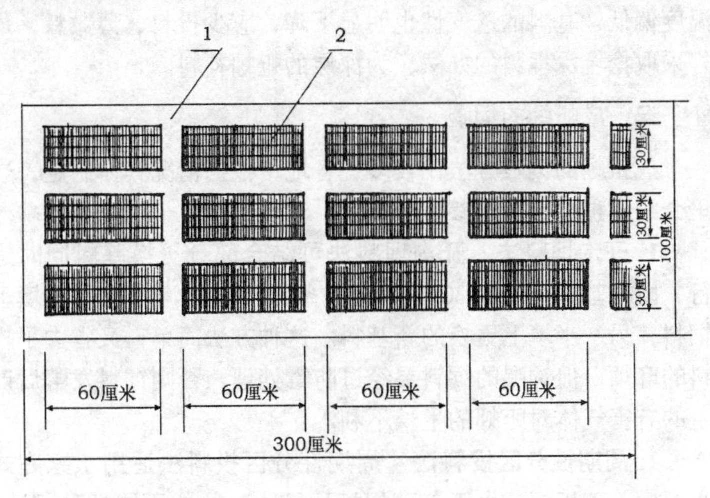

图 8－2　草垫设置示意图

1. 基料表面　2. 草垫摆放位置

二、生长期蚯蚓的饲喂

生长期蚯蚓的生长比较快，投喂的饲料量也比较大，因此在管理上要比幼蚯蚓粗放一些。根据蚯蚓养的密度和温度的情况，具体掌握：适温（即温度在 20～25℃）多投料，高温（即温度在 25～30℃）减投料，低温（即温度在 15～20℃）少投料的原则。温度在 20～25℃，是蚯蚓生长繁殖的最佳温度，此温度蚯蚓生长最快，其饲料消耗也最多，可在基料表面全部撒上饲料，待采食完毕后可间隔 4 小时，继续投喂饲料；温度在 25～30℃，由于温度偏高，蚯蚓的采食量明显减少，因此可一半撒上饲料，而另一半不撒饲料，下次投喂饲料时更换一下撒料位置，这样交替着投放饲料；温度在 15～20℃，由于温度偏低，基料的透气性也明显下降，应少投料、薄撒料，最好采取挖坑深埋料的办法，为深层的蚯蚓补料。

三、成蚯蚓的饲喂

成蚯蚓的饲喂方法比较多，各地可根据情况具体制定，这里介绍几种方法，供参考。

1. 开沟埋料法 开沟埋料法可结合部分更换基料同时进行，即在基料上每隔 30 厘米挖一条深沟，将沟深的一半填上饲料，另一半填上更换的新基料。这种方法简单，又省去了投料的麻烦，但饲喂的饲料要经过防霉处理，否则饲料发酵后产生的有害气体对蚯蚓的生长不利。

2. 周期性分区投料法 周期性分区投料法适用于家庭式小规模养殖蚯蚓。由于养殖规模比较小，往往不能把种蚓池、孵化池、幼蚓池、中蚓池和成蚓池等分池养殖，或者几种池并在一起养殖，这样，如果还用规模养殖法不但不适用，而且还增加了劳动强度，带来诸多不便。这种情况可以把养殖池分成若干小区，根据各小区养殖的数量、大小来确定投料的方法和多少，并做出标记，然后周期性轮换投料。

第四节 蚯蚓和其他动物混养

一、蚯蚓和蜗牛混养

人工养殖蜗牛时，底层需铺设腐殖土，而这种腐殖土就可以作为蚯蚓的基料；蜗牛采食剩余的残渣剩饭以及蜗牛排出的粪便等可以作为蚯蚓的饲料。同时养殖蚯蚓也省去了在养殖蜗牛时的清理工作，可以一举多得。

1. 蚯蚓和蜗牛的投放量 蚯蚓的投入量以能清除、消化掉蜗牛的粪便为宜。也可以按蜗牛重量的比例投放，一般可掌握在蚯蚓和蜗牛的投放比例为1:10或1:15之间。在开始饲养时，蚯蚓投放的数量可以少一些，如果发现蚯蚓粪便过多时，要随时调整比例，可移出一部分蚯蚓或更新一部分腐殖土。

2. 及时采收 蜗牛从上养殖格的1月龄到4月龄能够出售，同蚯蚓的中、成期养殖时间基本上相同，因此可以在蜗牛出栏的同时，蚯蚓也进行采收，这样种蚯蚓、幼蚯蚓以及蚓茧的孵化均单独进行，使得蚯蚓和蜗牛互不干扰，各用所需。

二、蚯蚓和黄鳝混养

蚯蚓和黄鳝混养的目的，就是为黄鳝解决蛋白质的蚯蚓饲料，这种方法使黄鳝生长快、产量高，每平方米可产黄鳝15千克以上。但要保持水质良好。

1. 黄鳝池的建设 以水泥池为主，一般池面为30~80平方米，池壁高80~100厘米，并设置防逃网。

2. 铺设基料 在池中间堆若干条1.5米宽、25厘米厚的土畦，畦与畦之间距离为20厘米。

在畦上铺一层5厘米厚的基料，然后按每平方米投放5千克的蚯蚓，畦沟中放入水，每平方米可放养黄鳝苗5千克。

3. 养殖管理 定期向畦上投入饲料，供蚯蚓采食，如果基料不足应及时补充。畦沟中要保持在10厘米左右深的水面，最好水有微小流动，使黄鳝有一个良好的生存环境。

此外，在养殖中还应配备饲养记录（表8－2），定期、定时观察和记录养殖过程的各个环节，如温度、湿度、土壤温度、土壤的 pH 值以及蚯蚓的生长、交配、产茧、孵化情况。记录要妥善保存、专人负责，并从中总结出规律，找出经验和教训，不断改进管理工作，提高养殖技术的整体水平。

表 8-2 蚯蚓养殖记录表

年 月 日

箱（床）号 项目	1	2	3	4	5	6	7	8
养殖方式								
品种								
条数（条）								
重量（克）								
气温（℃）								
湿度（%）								
土壤温度（℃）								
土壤湿度（%）								
土壤 pH 值								
用饲料量（千克）								
用水量（千克）								
交配日期								
产茧日期								
产茧量（粒）								
孵化日期								
孵化率（%）								
觅食情况								
死亡情况								
备注								

第九章　蚯蚓病害的防治

蚯蚓具有较强的抗病菌、抗病毒的能力，这于蚯蚓体内蚓激酶的活性以及蚯蚓的全信息的特性有直接的关系。但是这并不能说明蚯蚓没有病。尤其在人工养殖的高密度环境中，如果管理不当，有害气体增多，生态环境恶化，其蚯蚓的抗病能力就会下降，也会导致一些病害的发生，因此我们绝不能掉以轻心。

第一节　蚯蚓的病害及防治

蚯蚓的病害大体上可分为两部分：一是基料本身的病虫害危及到蚯蚓；二是蚯蚓本身导致的病虫害。

一、蚯蚓的疾病种类

蚯蚓的疾病大致可分为以下几种：

1. 细菌性疾病　细菌性疾病是一种传染性疾病，蚯蚓直接感染的机会很小。往往是由于管理不当，造成蚯蚓的抗病能力下降，又通过基料、饲料等媒介作用或其他带菌寄生虫所感染，从蚯蚓的消化系统侵入体腔而致病。被感染的细菌多为沙雷铁氏菌属、球菌属以及杆菌属，如灵菌、链状球菌、杀螟杆菌、苏芸金杆菌、乳状杆菌等。主要症状表现为染病后蚯蚓身体软化、变色，内脏常分解液化、有臭味。一般情况下细菌性疾病病程比较短，突发性强，死亡率高。如果养殖环境及基料运转过程中缓冲能力较平稳不会造成灾难性灭亡的。如果能够早发现、早治疗，那么就既容易控制，也不会大面积或普遍性的患病。

2. 真菌性疾病 蚯蚓的生存环境以及所寄生的植物性基料都比较适宜真菌的生存的繁衍。在空气中就有真菌的孢子，这种真菌的孢子一旦遇上适应的气候，即可在植物载体上蔓延，代谢，由于真菌还具有较强的分解纤维素的能力，植物的茎叶中纤维素给真菌的繁衍带来了足够的营养，它们在吸收营养的同时，还会封闭基料通道，吞噬具有良性缓冲作用的其他微生物，严重破坏基料的微生态平衡，使蚯蚓的生存环境受到严重威胁。另外，真菌还可以通过蚯蚓体壁侵入蚯蚓体内，在蚯蚓体内生长繁殖，最后以菌丝穿出体壁，产生孢子。被感染的真菌大多为藻状菌纲和子囊菌纲。主要症状表现为：蚯蚓在白天爬到饲养基料表面，行动呆板，身体僵硬，呈白色、绿色、黄色等，多为白僵菌、蚜霉菌等感染。

3. 病毒性疾病 病毒性疾病是一种传染性比较强的疾病。造成蚯蚓病毒性疾病大多是通过蚯蚓取食含有病毒的饲料，基料中含有病毒以及接触到携带病毒的蚯蚓、蚯蚓死尸或排泄物而被感染。主要症状表现为身体暗淡，行动迟缓，白天常滞留于基料四周等。

4. 生态性疾病 生态性疾病就是蚯蚓所生存的环境中，生态及微生物失去或部分失去平衡，从而引发的蚯蚓体液失衡、酸碱失衡、内分泌代谢失衡等一系列的生理功能性病变。

5. 寄生性疾病 寄生性疾病是由寄生虫对蚯蚓的影响造成蚯蚓的疾病。主要有寄生虫寄生于蚯蚓体内而引起的疾病和寄生虫寄生于基料中而间接对蚯蚓的危害。

二、蚯蚓疾病的防治

1. 细菌性疾病的防治

（1）细菌性败血病

发病原因：细菌性败血病是由败血性细菌沙雷铁氏菌属灵菌，通过蚯蚓体表伤口侵入血液，并引起大量繁殖而损伤内脏，导致死亡。镜检发现病原菌可确诊。

表现症状：发病初起，采食量下降，行动迟缓。发病中后期，则表现为上吐下泻，身体肿胀，最后死亡。

防治方法：

方法一：用200倍“速康”溶液全池进行喷洒消毒，每5天1~2次即可灭菌。

方法二：用200倍“病虫净”溶液全池进行喷洒消毒，每周2~3次即可灭菌。

（2）细菌性肠胃病

发病原因：细菌性肠胃病是由球菌，如链状球菌在蚯蚓消化道内引发的一种散发性细菌病。此病多发生于高温高湿的环境中。

表现症状：蚯蚓得病初期，蚯蚓食欲减退或废食，部分瘫痪在基料表面。镜检可在肠液内发现有球菌可确诊。

防治方法：

方法一：将病群蚯蚓放入400倍的“速康”溶液中，浸泡1~2分钟，剔除死亡者后，投入新基料内继续养殖。

方法二：将病群蚯蚓置于400倍的“病虫净”溶液中，并在容器内斜放入一木板，让蚯蚓浸液消毒后顺木板爬出液面，收取投入新基料中，凡无力爬出者均视为不可治者，应废除。

2. 真菌性疾病

（1）白僵病

发病原因：白僵病是由白僵菌感染所致。一般情况下该病不会对蚯蚓构成群体性威胁，但是当白僵菌大量繁殖时，由于分泌出一定量的毒素，其对蚯蚓是致命的，因此，也不能轻心。

表现症状：发病初期，蚯蚓体节呈现出点状坏死，病灶处逐渐被白色气生菌丝包裹，后期蚯蚓断裂，僵硬死亡。病程一般7天左右。

防治方法：

方法一：用200倍"消毒灵"溶液喷洒蚯蚓，全面进行消毒灭菌，并及时更换基料，清除发病源。

方法二：用100倍"病虫净"溶液喷洒消毒。

（2）绿僵菌孢病

发病原因：绿僵菌孢病是由绿僵菌，该病发作于春、秋温度偏低的季节，一般在蚯蚓的血液中萌发，生出菌丝，使蚯蚓机体功能失衡，最后死亡。

表现症状：发病初期无明显症状。当发现蚓体表面泛白时已是得病的后期，基本上都会死亡。表现为尸体白而出现干枯萎缩环节，口及肛门处有白色菌丝伸出，并逐渐布满尸体表面。

防治方法：首先应注意基料的消毒处理，并在基料进行发酵处理时用500倍"消毒灵"溶液喷施，可收到较好的效果。其次治疗方法基本上和"白僵病"相同。

3. 生态性疾病的防治

（1）毒气中毒症

发病原因：一是基料发酵不彻底，使用后由于继续发酵而产生有毒气体，如硫化氢、甲烷等；二是基料使用过长，其透气性降低，使蚯蚓缺氧，同时厌氧性腐败菌、硫化菌等毒菌发生作用。

表现症状：发病初期，大量蚯蚓涌出基料，有逃离趋势；继而背孔溢出黄色液体，迅速瘫痪，成团死亡。

防治方法：

一是注意基料的发酵完全性，防止在使用时基料的2次发酵；

二是注意基料的生态平衡，及时更换新基料，防止基料长期未更换而降低透气性；

三是注意蚯蚓养殖环境通风性，一旦产生毒气能够及时向外散发。

(2) 食盐中毒症

发病原因：蚯蚓摄入的基料或饲料含有1.2%以上的盐分，就会引起中毒反应。造成含盐高的原因：一是腌菜厂、酱油厂等废水、废料；二是饭店泔水等含盐较高而用做基料或饲料。

表现症状：蚯蚓食盐中毒后，首先表现为剧烈挣扎，很快趋于麻痹僵硬。体表无明显不良症状，如果及时加工还可以作为商品使用。

防治方法：

方法一：查找发病原因，及时更换含盐较高的基料或饲料，并用清水泼洗。

方法二：如果中毒面积大并且比较严重，则应将基料全部浸入清水中，并将基料清除后，更换1~2次清水，取出蚯蚓，放入新鲜基料中继续养殖。

(3) 酸中毒症

发病原因：基料或饲料中含有较高淀粉和碳水化合物等营养物质，这些物质在细菌的作用下极易使基料和饲料酸化。蚯蚓长期食用被酸化的基料和饲料，身体内的酸碱度就会失去平衡，其恶化的结果形成胃酸过多症。

表现症状：发病初期表现为食欲减退，体态瘦小，基本上停止产茧。如果基料中酸性物质较多（pH 值低于 5），就会出现全身性痉挛，环节红肿，体表液增多。严重时表现为体节变细、断裂，最后全身泛白而死亡。

防治方法：

一是用清水浇灌基料，将基料中酸性物质排出，注意基料的通风透气；

二是根据酸性的 pH 值程度，用一定量的苏打水或熟石灰进行喷洒中和；

三是彻底更换基料。

(4) 碱中毒症

发病原因：一是在基料发酵时加入过多的生石灰或在消毒时用过量的“消毒灵”；二是基料底部长期沉淀，造成透气性差，使下层氨氮积聚过量，pH 值上升。

表现症状：发病初期，蚯蚓钻出表面，不吃不动。继而全身水肿，最后体液由背孔流出而僵化死亡。

防治方法：

一是用清水浇灌基料，将基料中的碱性物质排出，注意冲洗时基料的通风透气；

二是根据碱性的 pH 值程度，用一定量的食用醋或过磷酸钙细粉喷洒中和；

三是彻底更换基料。

(5) 蛋白中毒症

发病原因：蛋白质严重沉积而腐败所致。

表现症状：食物废绝，身体颤抖，并拌有剧烈痉挛；身体消瘦，常表现为一头水肿，另一头萎缩，最后僵硬而死亡。

防治方法：

一是彻底更换基料；

二是在基料中增加纤维性物质，清除重症蚯蚓。

4. 寄生性疾病　寄生性疾病主要寄生在蚯蚓食道、体腔、血管、精巢、受精囊孔、贮精囊以及蚓茧中的原生动物门的簇虫类，扁形动物门的吸虫类和绦虫类，圆形动物门的线虫类，节肢动物门昆虫纲的一些幼虫。除昆虫纲的幼虫外，大部分寄生虫以蚯蚓体为栖息场所，吸取蚯蚓的体液，在蚯蚓体内完成一定的生长发育阶段，从而对蚯蚓的生长发育造成影响。更重要的是蚯蚓成为这些寄生虫的中间宿主，并为多种疾病的传播者（表 9－1），从而对家畜、家禽的人类健康造成危害。

表 9－1　传播寄生虫病的蚯蚓

寄生虫	蚯　蚓	终宿主
浪长颈虫	正　蚓	鸟与啮齿类
纺锤变带绦虫	赤子爱胜蚓	鸡
	环毛蚓	
	非洲寒薰蚓	
	正　蚓	
长刺后圆线虫	湖北环毛蚓	猪
	参环毛蚓	
短阴后圆线虫		
	夏威环毛蚓	

（续）

寄生虫	蚯　蚓	终宿主
莎氏后圆线虫	毛利环毛蚓	
	壮伟环毛蚓	
	异毛环毛蚓	
	伍氏环毛蚓	
	秉氏环毛蚓	
	威廉环毛蚓	
长刺后圆线虫	栉盲环毛蚓	猪
	闽江环毛蚓	
短阴后圆线虫		
	白颈环毛蚓	
莎氏后圆线虫	环毛刺	
	日本杜拉蚓	
	无锡杜拉蚓	
	赤子爱胜蚓	
	背暗异唇蚓	
	暗灰异唇蚓	
	微小双胸蚓	
	绿色异唇蚓	
	红正蚓	
	正　蚓	
	西士寒薰蚓	
环形毛细线虫	赤子爱胜蚓	鸡、火鸡
膨尾手细线虫	背暗异唇蚓	乌鸦、鹌鹑等
	背暗异唇蚓	鸡、火鸡、鸽
	赤子爱胜蚓	
	正　蚓	

（续）

寄生虫	蚯　蚓	终宿主
气管毛线线虫	正　蚓 红正蚓 背暗异唇蚓	狐、北极狐、黑貂、貂、水骆、猫、狗
捻转真毛细线虫	背暗异唇蚓 赤子爱胜蚓 正　蚓	鸭
气管交合线虫	赤子爱胜蚓 背暗异唇蚓 长异唇蚓 正　蚓	鸟与家禽
猪肾虫	赤子爱胜蚓	猪
肾线虫 鸡异刺线虫	不详	鸡、火鸡、珍珠鸡、孔雀、松鸟、雷鸟、灰山鹑、鹌鹑、野灰鹑、锦鸡及水禽

因此，要加强对基料和饲料的管理，将防与治结合起来，重点应做好以下几方面工作：

一是基料中使用的畜禽粪便一定要经过堆积高温发酵处理，将寄生虫、虫卵通过高温杀死；蚯蚓选用的饲料也要经过严格消毒，必要时采用高温加热，杀死寄生虫。

二是蚯蚓养殖场要远离畜、禽养殖场，防止畜禽粪便直接进入蚯蚓养殖场而被蚯蚓误食，造成寄生虫大量繁殖。

三是发现寄生虫要及时治疗，一般用 400 倍“病虫净”，每隔 2 ~ 3 天喷洒一次，连续喷施 3 ~ 4 次，即可杀灭。

四是做好定期检疫工作。对基料和蚯蚓体定期进行检查，发现有寄生虫时，根据发生情况，采取杀灭措施。

第二节 蚯蚓的天敌

蚯蚓的天敌包括捕食性天敌和寄生性天敌两大类。捕食性天敌主要有：兽类，如鼠、家畜等；禽类，如鸡、鸭等；鸟类，如麻雀等；两栖类，如青蛙等；昆虫类，如蝼蛄、蚂蚁等；爬行类，如蛇等；节肢类，如蜘蛛等。寄生性天敌主要有：绦虫、线虫、簇虫、壁虱、寄生蝇类、螨类等。在人工养殖时，危害最大的天敌是蝼蛄、壁虱、家鼠和蚂蚁。

蚂蚁的防治：

一是设防御线，在养殖场四周挖水沟阻止蚂蚁进入，也可以在养殖场四周撒上3%的氯丹粉阻止蚂蚁进入，但要注意如果使用不当会造成蚯蚓中毒。

二是诱杀法，在蚂蚁经常出没的地方，放一些骨头、油条、糖屑等，诱集到大量蚂蚁以后用开水浇死。

家鼠的防治　对老鼠可采取堵洞、驱鼠器、鼠夹、鼠笼以及药物进行捕杀。也可以人工养猫，防止鼠类入侵。

壁虱的防治　杀灭壁虱一般采用药物法，为了防止药物在蚯蚓体内残留，选用药物一般为“实际无毒级”的喷雾杀虫剂，如“劲威”等。

第十章　蚯蚓的采收、包装和运输

蚯蚓的采收随着采收后的不同用途，其采收的方法也不尽相同，如饲料性采收，成药性采收和药物提取的采收等。

第一节　饲料性采收

蚯蚓用做饲料时，其采收的方法比较多，各地可根据自己的实际情况，选取适当的采收方法。

一、光驱诱集法

1. 诱集具的准备　根据场地的大小，可选择宽 1 米、1.5 米、2 米或更宽的塑料薄膜，长不限。

2. 诱集方法　首先将带有被采收的蚯蚓和基料一起，按照堆积基料的办法，堆积在塑料薄膜上。一般从早上开始操作，到下午可采收完成。如果下午开始操作，晚上可借助灯光操作。

其次将上层没有蚯蚓的基料扒去。根据蚯蚓的逆光性，将带有蚯蚓的基料放在塑料薄膜上以后，蚯蚓为逃避光线就会向下钻，这样上层基料上基本上没有蚯蚓，可以把没有蚯蚓的基料取去。依次下去，当去除完基料以后塑料薄膜上剩下的就是干净的蚯蚓了。

最后将集中在塑料薄膜上的蚯蚓集中起来，采收工作即告完成。

二、草垫诱集法

1. 诱集具的准备 首先是编织草垫，将干净的稻草编织成长80厘米、宽60厘米、厚3厘米的草垫，草垫要求松而不散、结实耐用。

其次是草垫，主要是软化和消毒处理，将草垫浸泡在3%的生石灰溶液中或400倍的“消毒灵”溶液中，浸泡一昼夜后捞出，用清水冲洗干净并晾干，再喷洒上2%的苯甲酸钠溶液，起防腐作用。

2. 诱集方法 首先是铺设草垫，选择蚯蚓较集中的地方，将草垫铺设在基料上面，并将草垫用干净的清水喷湿均匀。

其次是喷施“引诱剂”，用0.5%的白酒或酒糟废液和2%的蔗糖溶液混合后制成“引诱剂”。将“引诱剂”均匀地喷洒在草垫上，以草垫不向下渗滴为标准。

再次是驱赶蚯蚓，在没有铺设草垫的地方均匀喷施3%的“病虫净”或400倍的“消毒灵”溶液，蚯蚓受药剂的驱动，将陆续爬向草垫处聚积。

最后是蚯蚓的采收，一般在晚上操作，至天亮前就采收完成，这样不受太阳光线的影响。如果操作时需要照明，可使用红色灯光。将爬满蚯蚓的草垫卷起放在准备好的塑料薄膜上，并向草垫上喷雾5000倍的高锰酸钾水溶液，此时蚯蚓会收缩后落在塑料薄膜上，将草垫拿走集中塑料薄膜上的蚯蚓，即采收完成。

三、灌水采收法

灌水采收法的方法比较简单，劳动强度也比较低，但只适合于商品蚯蚓的采收。

1. 准备工作 将蚯蚓池四周的通风道、换气窗等所有可露出漏水的道口堵严，并将池内基料顺纵向堆成斜坡状。

2. 灌水驱蚓 将水管头置入池内斜坡面的低端缓缓灌水。在基料低端和底层的蚯蚓遇到水后会迅速向斜面高端爬行。直到池内基本水满，只有斜面上端表面尚无水时停止灌水，并将高端基料进行遮荫，以便进一步诱使上行的蚯蚓集中到基料高端。此时便可边收取边等待，一般 2～3 小时即可采收完成。

四、筛选采收法

筛选采收法适用于大规模生产的养殖场，可以将成蚓和幼蚓分别从基料中分离出来，达到按规格整齐采收的目的。但此方法费用较高，劳动强度也较大。

1. 工作原理 根据蚯蚓畏光惧热的特性，采用不同规格的两层网眼，将成蚓与幼蚓分别集中采收（图 10－1）。

2. 装置构造 该分离装置分上下4层，每层箱体可用板材或工程塑料制作，一般宽度为 60～90 厘米，长度不限，以便于搬运操作为宜，单人操作可做的小一些，双人操作可适当大一些。每层箱体的层高，最上层为第一层，设置人工热源或光源，如电加热器、红外线灯、白炽灯、热风或蒸汽等，其功率取决于箱体的大小，通过试验确定最佳数据，此层高一般为 6 厘米；第二层和第三层箱底设有大孔网，其孔径取决于待采收的成蚓体形，第二层以最大的蚯蚓个体能够顺利穿越网孔为宜，第三层以能顺利通过幼小蚯蚓为宜，一般第二层高度为 5 厘米，第三层高度为 2 厘米；第四层为收集幼蚓箱，其高度一般为 1 厘米。

3. 具体操作 操作时先将第二、三、四层堆叠在一起，

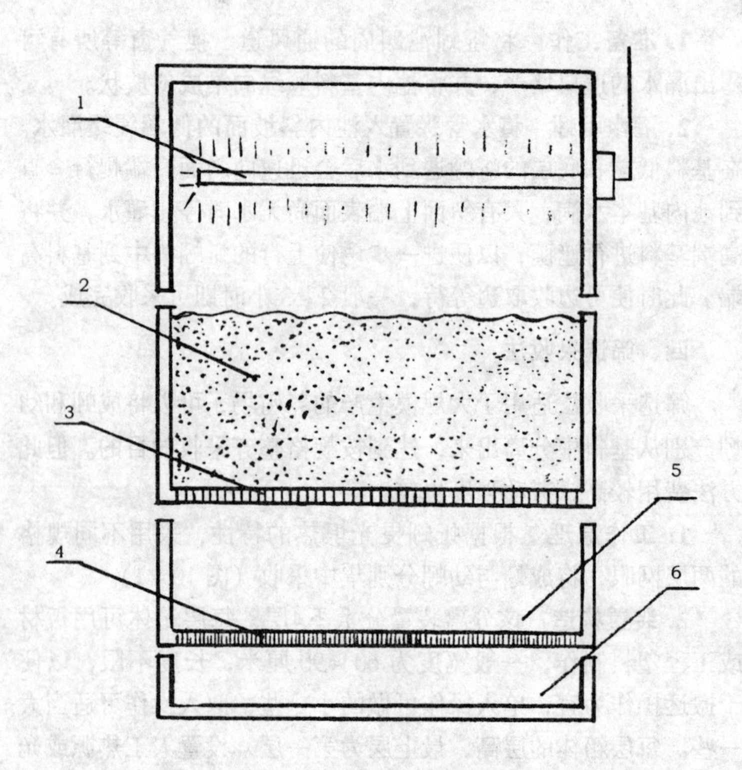

图 10-1 筛选采收法示意图

1. 热源（或光源）2. 含蚯蚓的基料

3. 大孔网 4. 小孔网 5. 成蚓箱 6. 幼蚓箱

然后将含有成蚓、幼蚓的饲养基料铺放在第二层箱体内，厚度以箱高为界（即 5 厘米）。最后将第一层放在第二层上面，开启人工热源，使第一层温度升到 70～80℃时，持续 30 分钟，即切断电源，全部蚯蚓均向下钻入底部，穿过大孔网而落入第三层箱内、穿过小孔而落入第四层箱内，即完成采收工作。

五、药液灌逐法

该法适用于野生蚯蚓的采收，通过药液既可以对蚯蚓有驱动作用，又可以使野外采收的蚯蚓进行消毒处理。

1. 药液的配制 药液的配制方法比较多，最常见的主要有以下几种：

(1) 烟碱液 将1千克的烟叶或蔸根用少量60℃水浸泡12小时，加入80千克清水拌匀，用60目纱网过滤。再加入0.2%的苯甲酸钠搅拌均匀，即可使用。

(2) 食盐醋液 将1千克食用醋精和30克食盐加入50千克清水搅拌均匀，即可使用。

(3) 苦楝根浸出液 将5千克苦楝树的根或果实用60℃的温水浸泡12小时，加入80千克清水，再加入50克大黄粉搅拌均匀，即可使用。

(4) 艾叶雄黄浸出液 将5千克干艾叶和15克雄黄粉加入50千克清水浸泡12小时，搅拌均匀，即可使用。

(5) 皂夹浸出液 将5千克鲜榆树枝叶用清水浸泡12小时，加入3千克干皂夹粉，再加50千克清水，浸泡24小时以后，即可搅拌均匀使用。

2. 划区用药 选择地表蚓粪较多，较密集的潮湿地带，先划定一个区域。顺着这个区域边缘倒上药液剂（即第一圈药液），用药量以用药5分钟就有大量蚯蚓钻出为限，一般开始可少用一些，逐渐加大用药量，10分钟以后，待接触到药液的蚯蚓全部逃离后，再在第一圈药液向里20~30厘米处，倒入第二圈药液，这样下去药液圈越来越小，而蚯蚓越来越多、越向中间集中，最后在中间集中的地方将蚯蚓采收。

六、机械分离采收法

机械分离采收法是通过机器的筛选过程，一次性将蚓粪、蚓茧、幼蚓、成蚓逐一分离出来，提高了劳动效率，减少了劳动强度。其工作原理使让带有成蚓、幼蚓、蚓茧和蚓粪的基料经过筛子，筛子上依次分别设置孔径为1/16、3/8、1/4、3/8。同时输送器带有震动和拍打装置（图10－2）。

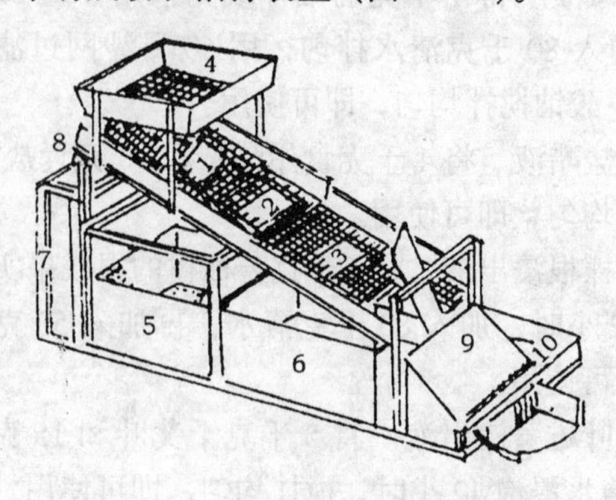

图10－2　蚯蚓收获机具的前侧面图

1.～4.不同孔径的筛子 5.～6.料箱

7.固定支架 8.电动机 9.输送器 10.收集箱

第二节　药用蚯蚓的采收

药用蚯蚓的采收和饲料蚯蚓的采收最大的区别在于药用蚯蚓要求蚯蚓的完整性和不能掺入其他药物。以下提供几种参考方法。

一、食物诱捕

可在蚯蚓基料周围设点堆积新鲜饲料，如选择蚯蚓比较喜欢吃的食物，并拌入少量炒出香味的饼肥，喷湿后堆在一起，并在上面设遮荫避光装置。这样大部分都会集中到堆积新鲜料处，在一个收获期可采收两次，就可以使采收蚯蚓的数量达到成蚓总量的 90% 以上。而且采收的成蚓月龄相近，比较整齐一致，而留下的中、小蚯蚓及蚓茧又因密度变小，并迅速生长繁殖，可有效地提高单位面积的产量，并更好地解决了亲代与子代的分离，其生产工艺（图 10－3）比较简单，容易操作。

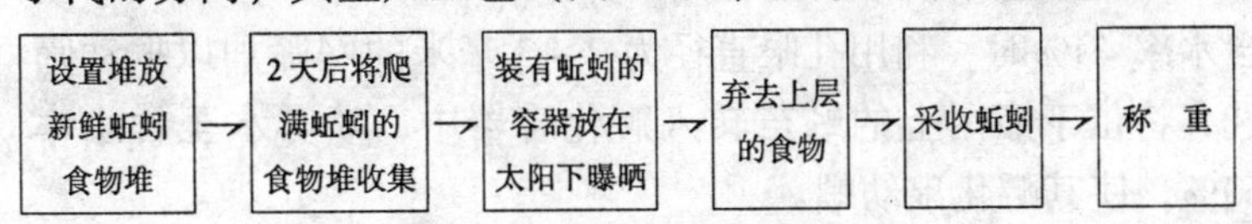

图 10－3　食物诱捕工艺示意图

二、挖取法

在养殖蚯蚓的基料上选择潮湿蚓粪较多的地方，用三齿耙依次挖取。这种方法效率低，易损伤蚓体，但在药用蚯蚓采收上经常使用。

第三节　蚓粪的采收

蚓粪是当今市场畅销的优质商品肥料，是养殖蚯蚓的又一项重要收入。及时采收蚓粪，上市后不但可以增加销售收入，而且还有利于改善饲养环境，进一步促进蚯蚓的生长繁殖。

蚓粪的采收，大多与采收蚯蚓时同时进行。这里介绍几种专门采收蚓粪的方法。

一、刮皮除芯法

此法可结合投喂饲料时使用。当发现表面饲料已经全部粪化时，应再在基料上投放饲料，并用草苫覆盖。2~3天后，当大部分蚯蚓由下而上钻到表层新鲜的饲料中摄食时，揭开草苫，将表层15~20厘米厚的饲料及基料刮到两侧，并将下层已经粪化的旧基料全部取出，最后将刮到两侧的饲料及基料，再填加一些新基料一起均匀铺放于中间位置。取出的旧基料中如混有少量蚯蚓，可按上面所述的方法将蚯蚓和蚓粪分离。如果还含有大量蚓茧，则应将蚓茧摊成10厘米厚，待其风干至含水率40%时，利用孔眼直径为2~3毫米的网筛加以振动筛选，将位于筛网上的蚓茧转入孵化容器中，喷雾水至含水率60%，使其孵化出幼蚓。

二、茶籽饼液浸泡分离法

此方法操作简便，劳动强度小，其操作要点如下：

1. 将茶籽饼捣碎，加入10倍重量的清水，水温在20℃时，要求浸泡24小时，如果水温高可适当减少浸泡时间，取上层浸出液作为蚓、粪分离液。使用前将原液加清水稀释3倍，装于大口径陶缸或盆中备用。

2. 把待分离的蚯蚓与已粪化的旧基料混合物倒入具有孔眼的容器内。容器可利用铁丝或竹篾编制而成，长50厘米、宽15厘米、高50厘米，以能容纳20千克蚓粪为宜。在容器四周、底部均有孔眼，直径为2~3毫米，以成蚓能顺利钻过为宜。

3. 将盛装15~20千克蚯蚓与蚓粪的混合物的上述容器迅速置于陶缸（盆）内的分离液中，使混合物全部淹没于液面下，稍加翻动，历时20分钟。然后将容器取出，立即转浸没于清水缸中。原受到分离液刺激的蚯蚓，一旦进入清水，会纷纷从容器的四周、底部孔眼爬出而落于清水缸中。15分钟后，90%以上的蚯蚓落水，将缸中清水排净，便于采收聚集于缸底的大量蚯蚓。

4. 将容器中的蚓粪等剩余物倾倒于地面，摊晾、风干，静置2~3天，其中茶籽饼的有害成分即基本消失。

第四节 蚯蚓的包装运输

随着蚯蚓的商品化进程不断深入，解决活蚓、蚓茧、蚓粪的包装、贮藏、运输已成为现实，因此掌握这方面的技术，也十分必要。

一、蚓茧的包装运输

相对于成蚓来说，蚓茧的运输难度要小一些，比较容易实施，贮运成活率较高、成本较低。但如果处理不当，再加上较远距离运输，幼蚓就会在运输途中孵出，这就增加了运输的难度。目前最常用的运输有以下两种：

1. 膨胀珍珠岩基料贮运法 膨胀珍珠岩是火山玻璃质岩石经1260℃的高温悬浮瞬间焙烧而成的白色中性无机粒状材料，具有质轻、无毒、无味、阻燃、抗菌、耐腐蚀、保温、吸水性小等优点。如果将膨胀珍珠岩作为蚯蚓的基料，不但具有防腐抗菌，还能使基料内部有较好的温、湿、气等良好的生态环境。在运输时，只要将膨胀珍珠岩浸泡在营养液中，使膨胀珍珠岩充分吸收营养液后，就可作为蚓茧的运输较理想的材料。

（1）营养液的配制

蚓茧在运输过程中，还在继续发生着生物变化，即孵化过程并没有停止，这样在运输中就要考虑，蚓茧孵化所需要的氧气和营养物。因此，营养液正是运输中营养物质的保证，其制备方法：取65%的大豆粉、25%的土豆淀粉，9%的鱼粉和0.5%的干酵母粉，0.3%的多种维生素添加剂，0.2%的合成维量元素添加剂；将上述所配物质混合均匀后，再加入2倍重量的清水，用微型研磨杯研磨1分钟，再加入10倍重量的清水，搅拌均匀，即成为营养液。

（2）膨胀珍珠岩的脱水处理

取洁净的河粗沙放入铁锅中，加热焙炒至100℃时，再将洗净的膨胀珍珠岩放入沙中一起焙炒至300℃后出锅，用筛子将膨胀珍珠岩和河沙分离，自然冷却至60℃后备用。

（3）营养基料的合成

将配好的营养液倒入温度在60℃的膨胀珍珠岩中，边倒入边快速搅拌。然后取几块木板将浮出水面的膨胀珍珠岩全部压入液面以下，以保证膨胀珍珠岩充分吸收营养液。当膨胀珍珠岩在营养液中浸泡2～3小时以后，膨胀珍珠岩的颗粒表面便形成了一层“营养膜”。此时可将膨胀珍珠岩全部捞出，晾干，用塑料袋密封，即成为营养基料。

（4）蚓茧包装运输

将采集、待运的蚓茧，按膨胀珍珠岩营养基料体积的40%～80%均匀地拌入膨胀珍珠岩营养基料中，随即装入聚乙烯塑料袋中，扎上袋口，再用针在袋上扎十几个针孔，作为透气孔。拌入蚓茧的多少，应根据外界气温的高底和运输时间的长短来确定，温度高而又运输时间长，则应拌入的蚓茧少，反之则多一些。最后将袋装入容积为0.1立方米的木箱中，周围铺垫蓬松的填充物，如湿草等，减少袋体在运输途中的震动，还可以增加箱内的空气湿度。箱内要预留出1/4的空间，钉好箱盖，即可交付交通运输部门办理托运。采用此法，安全可靠，即使1个月到货，途中孵化出的幼蚓也会安然无恙。

2. 菌化牛粪基料贮运法　牛粪的特点是纤维物质含量较高，疏松透气，水分调控方便，可在一定的空气湿度范围内恒定自身的含水率，并且营养比较丰富，无臭味，不会污染环境。如果再进行净化、发酵、菌化处理，是较好的蚓茧贮运基料。

（1）牛粪的净化

将新鲜牛粪摊在水泥地面上，进行晾晒、风干，使其水分降至30%以下。然后再用耙上下翻动，将其抖散，成为蓬松状态。收成堆，于堆顶安放电子消毒器，用塑料薄膜盖严实。开启电子消毒器45分钟，以达到彻底消毒、杀菌净化。

（2）牛粪发酵

将已净化消毒处理的牛粪再加入一定量的消毒水，使其水分达到60%左右，然后堆入发酵池或密封到塑料袋中，经过7～15天的发酵，当牛粪内部温度达到50～70℃时，则认为发酵成功。最后要翻堆，即将堆外面的部分翻到内部，使外部也经过一次高温发酵的过程。经过发酵处理的牛粪无菌、无臭，松软适度。

（3）菌化处理

将“5406”菌种拌入已发酵好的牛粪中，摊铺在地面上，以15厘米厚为宜，盖上旧报纸，保持发菌所需湿度。7天后揭纸检查，如果牛粪表面密布白点状菌群，表明发菌正常，否则需再等2~3天，如果仍无菌群产生，则需要重新拌入菌种。再过7天后，当牛粪表面布满一层白霜状菌丝，表明发酵正常。

（4）蚓茧包装

将菌化牛粪轻轻搓散，喷雾状清水，边喷水边搅拌，使牛粪中的水分达到40%为宜。将采收、待运的蚓茧，按牛粪重量的40%~60%均匀拌入菌化处理的牛粪中，随即装入塑料袋中，扎上袋口，用针扎好通气孔，装箱即可安全运输了。

二、种蚯蚓的包装运输

种蚯蚓一般是指经过专门纯化杂交而优选出来的父母代或祖母代。其质量好，售价也较高，因此，应保证安全到达目的地。为了满足引种初养的连续性，一般在购进种源时应大、中、小、茧同时搭配，这就给运输途中的安全带来了困难。如大、中蚯蚓耗氧量比较大，要求湿度也比较高，基料中的含水分也要高，而且透气性要好；而幼蚯蚓身小体弱，生理生化运动能力较低，对基料湿度和透气性的要求与大、中蚯蚓正好相反，因此，在组合基料和包装时则要求尽可能折中，以便兼顾不同生长时期种蚯蚓的生态要求。以下介绍两种可供参考的包装运输的方法。

1. 分巢式混级基料装运 为了保证批量长途运输和长期贮存期的安全，我们按蚯蚓大、中、小不同等级对生态条件的温、湿、气的不同要求，采用不同基料的办法，形成分巢式混级基料运输。

（1）栖巢基料的制作。栖巢基料是根据各级蚯蚓对水分和营养耗量的不同差异为直接标准而确定大小和营养补充的。其基料加工方法：

一是大、中蚯蚓栖巢基料的加工 将菌化牛粪中拌入3%的豆饼粉和5%的面粉，拌匀并加适量淘米水反复揉团，使之达到含水分65%左右的粘连团，用手团成大小如鹅蛋的圆团，并滚上一层麦麸或存放1年以上的阔叶树锯末。

二是小蚯蚓栖巢基料的加工 将菌化牛粪中掺入适量的营养液拌匀，反复揉搓，并抖落成含水分为40%左右的泥状小块团基料，大小约为2~3厘米。

三是填充料的制作 填充料主要用于基料团之间的空隙，起到通气、增氧、抗菌的生态缓冲作用。其配方：70%的菌化粗纤维牛粪、20%的菌化细粉牛粪，10%的膨胀珍珠岩颗粒。另外加入0.1%的长效增氧剂。雾状喷洒少量清水，使含水分为30%左右即可。

（2）种蚯蚓的换巢。种蚯蚓的换巢主要是从其装箱质量和商品性成交手续上的考虑。如果少量包装无须换巢，在大批装运时，将大、小栖巢基料团按7:3的比例称重混合，同时倒入30%的填充料，装入蚓池或陶缸中，放入种蚯蚓，使其迅速钻入基料。投入种蚯蚓数量一般以每立方米基料6万条为宜。

（3）种蚯蚓的装箱。种蚯蚓换巢24小时后，当发现蚯蚓全部钻入基料团块后就可以包装了。包装有两种方法：一是短距离或装运较少的包装。该类包装可直接将基料装入塑料编织袋中，然后装箱即可。二是长途或长时间批量运输的包装。该包装是将木箱事先钻一些透气孔后，在木箱内壁上粘贴上塑料编织布，然后直接将蚯蚓基料装入箱中，并留出20厘米高的空间，封盖即可。

(4) 包装箱的装运。包装箱装车时应摆放在比较通风的位置，不要装在高温处，如汽车发动机较近处，也不要夹在货物中间。批量装运时包装箱应“品”字形码放，各层箱的间距不少于 15 厘米。注意不要盖得太严，以防透气不足，还要注意遮挡风雨。

2. 原巢的装运 将所生产原种蚯蚓的基料，不经过换巢过程，而是直接包装运输。该方法简便，但每箱不易太多，一般以原生产时的高度为宜。注意如果运输时间较长，则应中途喷洒清水，如果条件允许可直接注入营养液。

三、商品蚯蚓的包装运输

为了某些加工的需要，如制药厂直接从活蚯蚓中提取蚓激酶等，这就需要活体蚯蚓进行运输，其运输方法有以下两种：

1. 干运 干运是以膨胀珍珠岩为暂时栖息基料，基本上和膨胀珍珠岩营养液运输蚓茧相同。所不同的是此包装含水分较高。一般用 80% 的膨胀珍珠岩营养基料，加入 20% 的软质塑料泡沫碎片，另外再加入 0.5% 长效增氧剂。将长效增氧剂密封于塑料袋中，并于袋的一面扎上若干针孔，供吸水、放氧之用。将其平放在不漏水的装运容器底部，有针孔的一面朝上。将膨胀珍珠岩营养基料与软质塑料泡沫碎片拌匀倒入装运容器内。容器上部留出 20 厘米左右的空隙，向容器内雾状喷水，并使底部积有 5 厘米的水时，即可投入商品蚯蚓。投放量按每立方米基料 40 ~ 60 万条为标准。

2. 水运 水运是将商品活蚯蚓贮于清水中进行安全运输的办法。将消毒处理的自来水盛于装运容器中并放置 12 小时，使其中的氯粒子释放出来。然后按 25 微克/克的浓度要求投入长效增氧剂，随即按每立方米水体60～100千克的比例投入商品活蚯蚓。最后调节水位至容器口30厘米处，即可封盖交付托运了。运输途中温度在20℃以下，可按每立方米水体100千克蚯蚓投放，温度在25℃左右，可按每平方米水体60千克活蚯蚓投放。一般可连续贮运10～15天，但必须做到每天更换增氧水30%以上。

第五节　异常温度下蚯蚓的贮运

一、高温季节蚯蚓的贮运

一般当气温高于28℃时就会给蚯蚓的生长带来不利，而且蚯蚓会极其敏感地采取寻求低温处的自调行动。这一特性对夏季贮运蚯蚓的安全措施很重要。蚯蚓自身潜在着一种溶解酶，如果一旦发生蚯蚓死亡，这种溶解酶立即会从蚓尸上大量产生，致使蚓尸完全溶解而发生奇臭气味。因此，夏季贮运要十分小心。

1. 蚓茧的包装运输　高温环境中，对蚓茧的威胁有腐败细菌和黄霉菌、水霉菌的寄生繁殖。在贮运过程中，只要注意避免以上细菌的出现，一般就不会有问题。腐败细菌的产生完全因为基料密度大、包装过严，而又处于高温、高湿叠加累积效应的综合反应，因此，人为完全可以解决。而霉菌的产生原因是高气温条件下高湿缓冲结果造成的高湿中环境所引发的，解决的办法就是加入“5406”菌剂。

高温季节贮运蚓茧的方法可完全参考前面讲述的方法进行，所不同的是包装箱要薄一些，透气孔多一些。如果气温持续在35℃以上进行批量贮运，则应考虑带冰运输。

2. 种蚯蚓的包装运输 当温度高达30℃以上时，种蚯蚓的装运要十分慎重，一般分下列3种情况进行分别处理：

（1）少量装运

少量装运是指装运在5万条以下的小包装装运。这类包装可采取向菌化牛粪中混合一半膨胀珍珠岩的混合基料进行装运。由于膨胀珍珠岩的保冷性稳定，在体积较小包装箱中一般不会发生意外，但要注意箱板上多一些透气孔。

（2）批量装运

批量装运是指装运5万~50万条的单一包装托运。该单一包装的基料可完全用膨胀珍珠岩营养基料。原则上每立方米容积安装10个直径约为10厘米的高密细孔的换气筒。该筒可用竹管、镀锌薄铁皮、玻璃钢材料等制成。该包装可按种蚯蚓数量在0.1~1立方米之间选择包装箱的容量。包装箱外刷上一层“病虫净”药液。

（3）大批量装运

大批量装运也称为高密度装运。是将50万条以上的种蚯蚓在低温处理状态下一次性包装运输的方法。一般可将基料置于冰下，使基料温度稳定在0~10℃之间，其具体方法：将木箱内壁镶上一层厚度为5厘米的硬质塑料泡沫板，随即装入膨胀珍珠岩颗粒与10%的膨胀珍珠岩营养基料的混合物，投入种蚯蚓，按每平方米体积投入80~100万条。当种蚯蚓全部钻入基料后，于距箱口40厘米处固定一个网格架，于格架上放一块与箱口大小的钢丝网。将厚20厘米的大小冰块用打有针孔的塑料薄膜包裹3~5层后置于箱内的钢丝网上。摆放冰块的数量可根据基料的多少而定，一般可按每立方米基料摆入

0.2～0.3立方米的冰块计算。最后盖上一层硬质泡沫板，钉上木盖即可交付托运了。托运时，应保持冰块始终处于上层，不能倒置或侧放。如果途中时间较长，还要在途中加入冰块，以保证蚯蚓安全到达。

二、寒冷季节蚯蚓的贮运

寒冷的冬季实际上是贮运蚯蚓比较安全的时期，只要能保证基料内的温度在0℃以上就可以了，但对于蚓茧还是要经过特殊处理才能保证运输安全到达。

1. 蚓茧的包装运输 冬季贮运蚓茧大多采用原基料作为主要贮运基料。如果运向比较温暖的南方，则可直接用原基料或菌化牛粪进行包装运输。如果运向已达到零度以下的低温北方地区，则需要组合运输用基料进行贮运。

(1) 鲜牛粪混合基料的装运

由于鲜牛粪虽然经过了电子灭菌，但没有人工发酵，其潜在热能较大，只要团状结构合理，就可以发热御寒，使蚓茧安全通过运输过程。这种贮运基料的方法有多种：

一是鲜牛粪与菌化牛粪混合基料的包装 将稍加风干的鲜牛粪经消毒处理后，加入一倍的菌化牛粪进行混合均匀后，分多层包裹蚓茧，使之组合成球团，然后取部分鲜牛粪将球团包裹一层，再包上一层保温塑料薄膜即可交付托运了。

二是鲜牛粪与麦麸混合基料的包装 将麦麸与5倍经消毒处理的鲜牛粪混合均匀后分多层包裹蚓茧，使之组合成球团，然后以原基料为垫层，将包裹好的球团居于木箱中央，周围填满基料即可交付托运了。

(2) 鲜禽粪混合基料的装运

该方法是将鲜禽粪经高氯消毒后风干至含水分 40%左右，与原基料混合成装运基料或是与菌化牛粪混合成的装运载体的安全方法。由于禽粪的潜在热能较高，而且发热稳定，适合向寒冷的地区发运。

2. 种蚯蚓的包装运输 种蚯蚓的装运可参考蚓茧的装运方式。所不同的是保温严密程度不需要太高。一般来说如果装运箱的容积达到 1 立方米，基料均能保证蚯蚓安全运输。如果是少量装运则务必成数倍增加基料，并需用塑料薄膜或硬质泡沫板加以保温装运。原则上只要不使基料内冻结即可使种蚯蚓安全运到目的地。

第十一章　蚯蚓的加工与利用

第一节　加工前的处理和初加工

一、活体蚯蚓的消毒

活体蚯蚓在加工采用之前，必须对蚯蚓体进行消毒灭菌处理。处理的原则是既要达到消毒灭菌的效果，又要不损伤蚯蚓机体。

1. 药物消毒法

(1) 高锰钾溶液的消毒

首先将活体蚯蚓在清水中漂洗2次，除去蚓体上粘液及污物；其次将其浸入5000倍的高锰酸钾溶液中3～5分钟即可捞起直接投喂于待食动物的食台上或作为动态引子拌入静态饲料中。活体蚯蚓作为饵料的应用，只能在养殖投食之时进行，以免造成蚯蚓逃离食台或长时间缺水在干燥食台上被晒死。

(2) 病虫净药液的消毒

病虫净为中草药剂，其药用成分多为生物碱及醣苷、坎稀、脂萜等多种低毒活性有机物质，故在一定的浓度之内既可达到彻底消除蚓体内外的病毒、病菌及寄生虫，又可确保蚓体的自然属性不受很大的影响。

(3) 吸附性药物消毒

将0.3%的磷酸酯晶体倒入3000毫升的饱和硫酸铝钾（明

矾）水溶液中，进行充分的搅拌。待溶液清澈后，将清洗后的蚯蚓投入，浸泡1~3分钟。当观察到溶液中有大量繁化物时，即可捞出蚯蚓投喂水产动物，用该蚯蚓直接作饵料，具有驱杀鱼类寄生虫的效果。但该蚯蚓不得直接用于饲喂禽类，以防多吃后中毒。

2. 电子消毒 电子消毒即臭氧（O_3）灭活消毒，可使用电子消毒器进行。其消毒的特点是：对各种病毒、病菌有快速灭杀的作用，灭活率达90%以上；采用空气强制对流氧气，弥漫扩散性循环消毒，无论有无遮挡物，臭氧均可到达预定空间，即无消毒死角。由于不需附加药物或辅助材料，因而无任何残毒遗留。消毒过程所产生的氧气气体经30分钟后即可还原；性能稳定，寿命长，不失效，无需调整；价廉，省电，效果比氯快300~1000倍，比化学药物快8~12倍。既可以彻底杀灭蚯蚓体内外的多种病菌、病毒，又不会伤到蚯蚓。

消毒方法：用铁纱网制成50~80厘米见方高度约10厘米的方盒。将洗净的蚯蚓按每份3~6千克装入盒内。然后将装蚯蚓方盒依次码入一顶部装有电子消毒器的密封木柜中。开启消毒器开关，关闭柜门，约60分钟即可打开，所取盒内蚯蚓即为无菌消毒后的蚯蚓。

在消毒过程中，如果打开柜门之后，闻不到臭氧的浓郁气味则说明消毒不够，应继续闭门消毒。一般情况下，在关闭的消毒柜外可闻到从门缝间溢出的臭气味时即认为消毒较彻底了。还须注意的是，在制作消毒柜时须将电子消毒器放置柜中的顶部，否则将影响消毒效果。

如果没有消毒柜或无须消毒柜时，可将网状方盒码入一塑料薄膜制作的密闭罩中；同时将电子消毒器放置上层方盒顶上即可开机消毒了。

3. 紫外线消毒　紫外线消毒即利用紫外线灯，按厂家说明书的要求对活体蚯蚓照射消毒杀菌。其杀灭范围不如电子消毒，但比较适用于小规模家庭养殖蚯蚓的消毒。

二、活体蚯蚓的保存

活体蚯蚓的保存是特种水产养殖的必需环节，也是生产蚓激酶的特定要求。采用下列方法，可使活体蚯蚓保存期分别达到30天和60天。

1. 膨胀珍珠岩保存法

（1）制作基料

将膨胀珍珠岩按常规方法采用高锰酸钾水溶液消毒处理后，以清水漂净，拌入1%碘型饲料防腐剂即可。

（2）活体蚯蚓贮存

按膨胀珍珠岩体积的50%～70%，分批倒入已消毒的活蚯蚓。待所有蚯蚓都钻入珍珠岩基料后，连同容器置于1～5℃环境中保存。

（3）活体蚯蚓取用

将盛有蚯蚓容器转入常温环境，待容器中的基料温度升至室温时，取4～6目纱网罩住容器口，外面套上一个纱布口袋。将容器口朝下扣入清水中，蚯蚓便纷纷钻出纱网孔眼而进入纱布口袋。珍珠岩因比水轻而浮出水面，从而与蚯蚓全部分离。

2. 冷水保存法　（1）容器处理。在容器底部撒一层增氧剂，按每平方米用40克左右，再铺放一层洗净的木炭，木炭表面覆盖一层尼龙细网。将去皮的老丝瓜瓤筋层层码放于细网上，直至容器高度的2/3处。

(2) 投蚓贮存。将含有绿藻的池塘水盛装于容器内，池塘水用量以淹没丝瓜瓤筋为限，加入浓度为 2×10^{-6} 的漂白粉溶液消毒。容器静置室外，一昼夜后，将已消毒的蚯蚓投入容器中，投入量为丝瓜瓤筋体积的 50% ~ 70%。将容器置于 1 ~ 5℃环境中贮存。此法可使蚯蚓存放 60 天，不会出现问题。

(3) 活蚓取用

将容器转移至室外，待其中水温升至常温时，取出丝瓜瓤筋，顶部加以光照，蚯蚓从下部爬出后即被收取。

三、蚯蚓浆的加工

在水产养殖中，蚯蚓浆是最理想的引诱剂、饲料悬浮剂，又是生化制药中提取蚓激酶的第一道工序。其加工方法有以下几点：

1. 配制防腐剂 防腐剂一般用：22%的三聚磷酸钠，22%的山梨醇，20%的烟酰胺，19%的山梨酸钠，8%的柠檬酸，7%的乳酸钙和 2%的蔗糖酯。将上述配方称出后混和搅拌均匀，即为防腐剂，装瓶备用。

2. 绞浆 将上述防腐剂均匀拌入待绞浆的蚓体表面，以每条蚓均蘸有粉剂为度，可根据贮存时间的长短，来确定用剂量。然后将已拌粉剂的蚯蚓投入绞肉机，连绞 2 ~ 3 遍，转入低温保存，可贮存 90 天。蚓浆也可用于饲喂经济动物。

如果是小规模的养殖户要加工蚓浆，用于饲料、诱饵等，可将已消毒的成蚓投入 80 ~ 100℃热水中烫死，加入少许防腐剂拌匀，可用农村的碾槽或研钵加工成蚓浆。在使用时如果加工方便，最好现磨现用，不要存放，不必加入防腐剂，这样既新鲜又实惠。

四、蚯蚓浸出液制法

蚯蚓浸出液是具有特殊疗效的廉价良药。其小规模加工方法：取鲜活成蚓 1 千克，投入清水中，让其排净腹中粪土污物。洗净成蚓体表，然后捞出，放于干净容器中，加入白糖 250 克，拌匀。1～2 小时后，便可得到蚓体浸出液 700 毫升，用纱布过滤除渣。所得滤液呈深咖啡色，经高温高压消毒，冷却后置于冰箱内长期贮存备用。

五、蚯蚓粉的加工

1. 炒制 先将洗干净的粗河沙置于铁锅中炒热至60℃，然后将消毒蚓滤除体表水分后倒入锅中翻炒至死。要求文火慢炒，不要损伤蚓体。蚓体表面脱水、收缩时，倒入筛中振动，与河沙分离。

2. 烘烤 将炒制的蚯蚓置入恒温电烘烤箱内，将温度设置在 60℃，也可以在太阳下曝晒至通体干燥，并反复翻动至基本脱水，即为干蚓。此蚓就可以作为中药材的“地龙”销售了。

3. 粉碎 将干燥蚓体拌入1%碘型防腐剂，投入粉碎机中，过 80 目筛，即得到蚯蚓粉，也可长期贮存，用做高蛋白饲料。

第二节 蚯蚓的药用加工与利用

一、蚯蚓的品质要求

无论将蚯蚓作饲料、饵料，还是作为药材和人类的食品，都必须注意安全。使用前必须认真仔细地分析和检查，一方面要看蚯蚓是否已感染寄生虫（蚯蚓为某些寄生线虫和绦虫的中间宿主），另一方面还要看蚯蚓体内有无重金属（如镉、铅、汞等）或有机磷、有机氯等农药的富集，一般要求本品重金属含量不得超过百万分之三十。这就要求在饲养蚯蚓的过程中，要严禁使用被重金属或有机磷、有机氯等农药污染的或带有寄生虫的饲料来喂养蚯蚓，以保证养殖出来的蚯蚓利用的安全性。

特别是作为人类食品和中药材用的蚯蚓，除注意其安全性外，还要尽量做到清洁卫生。

二、蚯蚓的物理性状

1. 广地龙 呈长条状薄片，弯曲，边缘略卷，长 15 ~ 20 厘米，宽 1 ~ 2 厘米。全体有环节，背部棕褐色至紫灰色，腹部浅黄棕色；第 14 ~ 16 环节为生殖带，习称“血颈”，较光亮。体前端稍尖，尾端钝圆，刚毛圈粗糙而硬，色稍浅。雄生殖孔在第 18 节腹侧刚毛圈一小孔突上，外缘有数环绕的浅皮褶，内侧刚毛圈隆起，前面两边有横排（一排或两排）小乳突，每边 10 ~ 20 个不等，受精囊孔 3 对，位于 6 ~ 9 节间一椭圆形突起上，约占节周 5/11。体轻，略呈革质，不易折断。气腥味微咸。

2. 土地龙 长8 ~ 15厘米，宽 0.5 ~ 1.5 厘米。全体有环节，背部棕褐色至黄褐色，腹部浅黄棕色；受精囊孔 3 对，在 6/7 ~ 8/9 节间。第 14 ~ 16 节为生殖带，较光亮。第 18 节有 1 对雄生殖孔。通俗环毛蚓的雄交配腔能全部翻出，呈花菜状或阴茎状，威廉环毛蚓的雄交配腔孔呈纵向裂缝状，栉盲环毛蚓的雄生殖孔内侧有1个或多个小乳突。

3. 其他地龙 酒地龙形似地龙，表面色泽加深，其有焦斑，略有酒气；炒地龙形似地龙，表面色泽较地龙深；制地龙形似地龙，表面鼓起膨松；甘草水制地龙，形似地龙，略有甜味。

三、蚯蚓的化学成分

各种蚯蚓含蚯蚓解热碱、蚯蚓素、蚯蚓毒素。广地龙含6－羟基嘌呤等，蚯蚓含氮物质如丙氨酸、缬氨酸、亮氨酸、苯丙氨酸、酪氨酸，赖氨酸等氨基酸，以及黄嘌呤、腺嘌呤、鸟嘌呤、胆碱、胍等。

蚯蚓的脂类部分中含硬脂酸、棕榈酸、高度不饱和脂肪酸、直链奇数碳的脂肪酸及有分枝的脂肪酸、磷酸、胆固醇等。蚯蚓的黄细胞组织中，含碳水化合物、脂类、蛋白质及色素，所含碱性氨基酸有组氨酸、精氨酸、赖氨酸，其黄色素可能是核黄素或其相似物质。

蚯蚓含有一种酶，在pH8.0～8.2时能使蚯蚓溶解。

四、蚯蚓的药理作用

1. 溶栓和抗凝作用 蚯蚓冻干粗粉除了有尿激酶样纤溶作用外，尚有直接催化纤维蛋白的作用。人工养殖的正蚓科双胸蚓属蚯蚓粗提液，可显著降低血中纤维蛋白原含量，并使优球蛋白溶解时间显著缩短。粗提液经进一步萃取，制备出含多种纤溶酶和纤溶酶原激活物的制剂，具有良好的溶解血栓作用，可使兔血浆组织型纤溶酶原激活物（t－PA）活力增加，血小板聚集性显著降低，全血粘度和血浆粘度降低，红细胞刚性指标降低。提示：其通过促进纤溶、抑制血小板聚集、增强红细胞膜稳定性等发挥作用。

2. 对心血管系统的作用

(1) 抗心律失常作用：给动物静注地龙注射液对氯仿－肾上腺素或乌头碱诱发的大鼠心律失常，氯化钡或哇巴因诱发的家兔心律失常均有明显的对抗作用，对心脏传导亦有抑制作用。

(2) 降血压作用：广地龙的降压机制可能是由于它直接作用于脊髓以上的中枢神经系统或通过某些内感受器及时地影响中枢神经系统，引起部分内脏血管的扩张而致血压下降。大鼠静注广地龙煎剂0.25克/千克，立即引起血压下降，其降压过程与血小板活化因子（PAF）相似，加预先静注PAF受体阻滞剂CV_{6209}，可显著抑制广地龙的降压作用，提示类PAF物质是广地龙的重要降压成分。此外还具有利钠、利尿和降低甘油三酯作用。提示：地龙可能有一定的预防SHRSR率中发生的作用。

3. 对中枢神经系统的作用

(1) 治疗缺血性脑卒中（中风）：预先腹腔注射地龙注射液10克/千克，对蒙古沙土鼠一侧颈总动脉结扎造成的缺血性脑卒中具有一定的预防作用，可减轻缺血性脑卒中的症状，并明显降低动物的死亡率，对缺血性脑卒中动物脑组织中降低了的单胺类递质5－羟色胺趋于恢复，而对去甲肾上腺素含量则无明显影响。

(2) 抗惊厥和镇静作用：小鼠腹腔注射地龙醋酸铅处理的提取液，可明显对抗戊四氮和咖啡因引起的惊厥，但不能对抗士的宁引起的惊厥。提示：其抗惊厥作用部位是在脊髓以上的中枢神经部位。对电惊厥也有对抗作用。

（3）解热作用：蚯蚓水浸剂对大肠杆菌内毒素及温热刺激引起的发热家兔均有良好的解热作用，但较氨基比林的作用弱。对健康人体温无降低作用，对感染性发热病人降温作用优于阿斯匹林（口服 0.3 克），对非感染性发热亦有效，但作用出现较晚。

4. 抗癌作用　应用凝胶过滤技术对地龙提取物进行分离获 **4** 个组分。组分Ⅰ在体外对胃癌细胞 MGC_{803} 的 3H－TdR 参入有非常显著的抑制作用，该组分经 56℃加热 0.5 小时抑制肿瘤作用仍存在，但较未加热组明显减弱。提示：该组分加热后抑瘤作用部分保留，具有一定耐热性。组分Ⅳ在体外对胃癌细胞 MGC_{803} 的 3H－TdR 参入也有非常显著的抑制作用，但该组分经 56℃加温 0.5 小时后抑瘤作用即消失。提示：该组分不耐热。组分Ⅱ和组分Ⅲ则均无抑瘤作用。地龙提取物可能是通过提高机体免疫能力而抑制肿瘤细胞生长的。

5. 平喘作用　从蚯蚓提出的含氮成分对大鼠、家兔肺灌注法有显著扩张支气管作用，并能对抗组织胺和毛果芸香碱引起的支气管收缩。认为地龙的某种成分可阻滞组织胺受体，对抗组织胺使气管痉挛及增加毛细血管通透性的作用，此为平喘的主要机制。

6. 对平滑肌的作用　从广地龙提取的淡黄色结晶，能使已孕和未孕大鼠或豚鼠离体子宫紧张度明显升高，浓度增加可使之呈痉挛收缩状态。此外，该结晶 0.5～1 毫克/千克静注，对家兔在位肠管亦有明显兴奋作用，对大鼠后肢血管灌流亦表现明显兴奋，对在体豚鼠支气管作用较弱。

7. 其他作用　蚯蚓3%醋酸提取物，2.5%硫酸提取物，84%乙醇及石油醚提取物在体外对人型结核杆菌有较强抑制作用。

地龙提取物在体外对小鼠和人的精子均有快速杀灭作用，其中的琥珀酸、透明质酸能迅速使精子制动、凝集，并使其结构受到破坏。

地龙提取液外用对局限性硬皮病有效，经生化分析提取物具有特异性降解胶原纤维的胶原酶，其疗效很可能是局部变性胶原纤维降解所致。

五、性味、归经、功能与主治及用量用法

1. 性味

蚯蚓的性寒、味咸。

2. 归经

蚯蚓药用后归肝、肺、肾经。

3. 功能与主治

(1) 清热熄风：用于高热惊痫抽搐之症。

(2) 清肺平喘：用于肺热痰鸣喘咳等症。

(3) 通利经络：用于风湿痹痛，以及半身不遂等症。

(4) 清热利尿：用于热结膀胱，小便不利等症。

4. 用量用法

1. 内服

(1) 煎汤：取消毒后鲜蚯蚓 5~10 克，加适量水，煎汤一次服用。

(2) 吞服：取干蚯蚓（地龙）1~2 克，研成粉末，一次吞服。

(3) 化服：取鲜蚯蚓经消毒杀菌后，拌入白糖或盐水化服。

5. 应用与配伍　用于热病发热狂躁，惊风抽搐，地龙咸寒降泄，既清邪热，又善熄风，现治高热惊风抽搐之症，或乙型脑炎高热不退，昏厥者，多与石膏、钩藤、七叶一枝花，全蝎等同用，以清热熄风。

用于肝阳上亢，头痛眩晕。地龙味咸性寒，归肝经以降泄上亢之肝阳，常与石决明、黄芩、夏枯草等同用，共奏清肝潜阳之效。现治高血压症属肝阳上亢型者每多用之。

用于中风偏瘫，风湿痹痛。地龙之性走窜，能通经活络，凡经络阻滞、血脉不畅、肢节不利诸症，每常用之。治中风，风痰入络，气血不调，运行不畅，半身不遂，口眼歪斜，语言蹇涩，常与天麻、钩藤、天南星、半夏同用，以平肝熄风、化痰通络；若中风后，气虚血滞，脉络瘀阻，筋脉、肌肉失养，而半身不遂者，可与黄芪、当归、赤芍等同用，以补气、活血、通络。治痹症，用本品以通经络，有“通则不痛”之义，如风寒湿痹，肢节疼痛，屈伸不利，常与川草乌、乳香、没药等同用，以祛风湿，散寒通络而止痛；若风湿热痹，关节红肿热痛，常与桑枝、赤芍、忍冬藤等同用，以清热通络。

用于喘咳。地龙性寒，治肺热喘咳有效，常与麻黄、杏仁、桑皮等同用，益增清肺定喘之效。若百日咳，痉咳痰鸣，亦可用本品，能缓解痉咳。

用于小便不通。地龙咸寒，下行而利尿，治热结膀胱，小便不通，亦可与木通、车前子、滑石等同用，以增清热利尿之功。若老人命火不足，膀胱气化不及，小便不通者，《朱氏集验方》用本品与温阳而助气化之茴香等同用，捣汁饮服，共奏温阳化气利尿之效。

此外，地龙亦常外用，如用活蚯蚓的白糖浸出液或与白糖共捣烂，涂敷急性乳腺炎、慢性下肢溃疡、烫伤以及肿毒疔疮等，均有一定疗效。

6. 使用注意 脾胃虚寒症不宜服，孕妇禁服。本品味腥，内服易致呕吐，配少量陈皮入煎剂或炒香研末装胶囊服可减少此反应。

六、成药的功效与应用

1. 咳喘宁片 地龙1800克，矮地茶 1800 克，苦杏仁（去皮炒）1200 克，莱菔子（炒去皮）1200 克，生石膏 700 克，甘草 600 克，细辛 300 克，盐酸麻黄素 7 克。以上八味，除盐酸麻黄素外，细辛粉碎成细粉，过筛；地龙加水煎煮 2 次，合并煎液，滤过，滤液浓缩至比重 1.3，加 3～4 倍量乙醇，搅拌，静置，滤过，另置；其余各药加水煎煮 2 次，合并煎液，滤过，滤液与上述地龙液合并，浓缩至比重 1.3，干燥，粉碎，过筛，加入盐酸麻黄素及细辛粉，混匀，制粒，压制成 3300 片，每片重 0.25 克，包糖衣。除去糖衣后呈黑色，味苦。功能：宜肺定喘，祛痰止咳。用于咳嗽、喉痒、痰多、气喘，胸闷不畅。口服，每次 5 片，每日 4 片（《湖南省药品标准》1982）。

2. 治哮灵片 地龙50克，麻黄 25 克，苏子 15 克，射干 20 克，侧柏叶 20 克，黄芩 20 克，白鲜皮 10 克，刘寄奴 10 克，甘草 10 克，苦参 10 克，细辛 10 克，干贝母 20 克，僵蚕 15 克，橘皮 10 克，冰片 0.5 克。以上 15 味，部分药物粉碎成细粉，部分药物水煎煮，浓缩，与上述药粉制粒，压制成 1000 片，每片重 0.1 克，含生药 0.25 克，包糖衣。功能为止哮平喘，镇咳化痰。用于小儿支气管哮喘。口服，每次 3 岁以内

2～4片，4～6岁4～6片，6～12岁6～8片，12岁以上8～10片；每日3次。10日为1疗程（《湖南省药品标准》1982年）。

3. 祛风舒络丸　地龙、防风、葛根、全蝎、蕲蛇（酒制）、威灵仙（酒制）、乌梢蛇、乳香（制）、没药（制）、人参、黄连、天麻、竹节香附（醋制）、黄芩、首乌、甘草、玄参、地黄（熟）、麻黄、大黄（酒制）、龟板（制）、赤芍、香附（制）、松香（制）、虎骨（油制）、骨碎补（去毛）、僵蚕、檀香、穿山甲（制）、续断、川牛膝、青风藤、茯苓、竹黄、橘红、草薢、乌药、附子（制）、金钱白花蛇、血竭、当归、沉香、丁香、羌活、草豆蔻、广藿香、白芷、白术、细辛、豆蔻、三七、肉桂、川芎、木香、麝香、牛黄、冰片、犀角、朱砂（飞）、安息香。制蜡丸，每丸1.5克。功效祛风散寒、化痰通络。用于中风中痰，牙关紧闭，口眼歪斜，半身不遂，麻木不仁，筋络拘挛。口服，1次1丸，1日2次。

4. 地龙糖浆　根据《临床实用中药学》一书中介绍，“地龙糖浆”主治精神分裂症，每次服用100毫升，每日1～2次，共治疗50例，病愈4例，显效6例，好转9例，有效率达38%。《全国中药》一书亦介绍了利用地龙糖浆治疗精神病的方法。

七、常用验方

1. 治伤寒六七日热极，心下烦闷，狂言，欲起走

大蚓一升破去（土），以人溺煮，令熟，去滓服之。直生绞汁及水煎之，并善（《肘后方》）。

2. 治木舌肿满

蚯蚓一条，以盐化水涂之，良久渐消（《圣惠方》）。

3. 治咽喉红肿，以防蛾患

白头蚯蚓七条，用滚水泡澄，候冷去泥，和荸荠汁饮之（《喉科金钥》地龙饮）。

4. 治风赤眼

地龙十条（炙干），捣细罗为散，夜临卧时，以冷茶调下二钱，服之（《圣惠方》）。

5. 治丹毒

中等活地龙七条，紫背浮萍一碗。研细敷（《直指方》）。

6. 治乳痈

地龙二条，入生姜于乳钵内，研如泥，涂四旁，纸花贴之（《普济方》）。

7. 治对口毒疮，已溃出脓

蚯蚓，捣细，凉水调敷，日换三四次（《扶寿精方》）。

8. 治瘰疬溃烂流窜者

荆芥根下段煎汤，温洗良久，看疮破紫黑处，以针刺出血，再洗三四次，用蚯蚓一把，炭火上烧红为末，每一匙入乳香、没药、轻粉各半钱，穿山甲九片（炙为末），油调敷之（《纲目》引《保命集》）。

9. 治一切远年疮毒起管成漏，脓水时流，久不收口

韭菜地上蚰蟮 500 克（酒洗，炙研末），蜣螂八个（炙研末），刺猬皮连刺，五钱（炙）。炼蜜为丸，桐子大。每服八分，开水下。管自逐节推出，以剪子煎去败管，效（《鲜溪单方选》）。

10. 治唇菌

唇翻突肿起如菌，症极危急，宜速炙两手少商穴，并以蚯蚓十条，吴茱萸二钱，研末，加灰面少许，热醋调敷两足心，以布包裹，二三时更易，以愈为度（《华佗神医秘传》）。

11. 治打伤

白颈蚯蚓不拘多少，去土洗净，焙干研末。每服二钱，葱、姜汤下，衣被盖暖，出汗即愈。亦治痛风（《伤科汇纂》）。

12. 治热症，中暑小便不通

蚯蚓杵烂，用凉泉水搅和澄清，取汁半碗，服下立通。能大解热疾，不知人事，服下即效（《文堂集验方》）。

13. 治小儿急慢惊风

白颈蚯蚓，不拘多少，去泥焙干，为末，加朱砂等分，糊为丸，金箔为衣，如绿豆大。每服一丸，白汤下（《摄生众妙方》）。

14. 治头痛

①风头痛：地龙（去土，炒）、半夏（生姜汁捣作饼，焙令干，再捣为末）、赤茯苓（去黑皮）各半两。上三味，捣罗为散。每服一字至半钱匕，生姜、荆芥汤调下（《圣济总录》地龙散）。

②偏正头痛：地龙（晒干）、人中白（煅）等分。为细末，羊胆汁为丸，芥子大。每用一丸，新汲水一滴化开，滴鼻内（《张氏医通》一滴金）。

③产后头痛：地龙（炒）一钱，麝香半钱。上二味，合研细。每用小豆汁，吹两鼻中（《圣济总录》）。

15. 治白虎风疼痛不可忍

地龙末（微炒）一两，好茶叶一两，白僵蚕（微炒）一两。上件药，捣罗为散。每服，不计时候，以温酒调下二钱（《圣惠方》）地龙散。

16. 治鼻衄

大蚯蚓十数条捣烂，井花水和稀，患轻，澄清饮；重则并渣汁调服（《古今医鉴》）。

17. 治鼻中息肉

白颈蚯蚓一条，猪牙皂荚一挺。上药纳于瓷瓶中，烧熟，研细。先洗鼻内令净，以蜜涂之，涂药少许在内，令清水下尽（《圣惠方》）。

18. 治齿痛

①蚯蚓干者，捣末，著痛处（《千金要方》）。

②干地龙一分（末），麝香一分。上件药，细研，以黄蜡消汁，丸如粟米大。每用一丸，于蚀孔中。咽津无妨（《圣惠方》地龙丸）。

③地龙（去土）、延胡索、荜茇，上三味等分，捣罗为散。如左牙痛，用药一字入左耳，如右牙痛，入右耳内（《圣济总录》地龙散）。

19. 治聤耳

①生猪脂、生地龙、釜下墨等分。上件研细，以葱汁和捏如枣核，薄棉包，入耳令润，即挑出（《直指方》）。

②通耳脓水出，日夜不止，地龙（微炒）、乌贼鱼骨各等分。上件药，捣罗为末。每取半钱，用绵裹，塞耳中（《圣惠方》）。

20. 治耳聋气闭

蚯蚓、川芎各半两。为末，每服二钱，麦门冬汤下，服后低头伏睡，一夜一服，三夜见效（《圣济总录》）。

21. 治小儿外肾肿硬成疝疾，或风热暴肿

干地龙为细末，津液调涂患处。常避风冷湿地（《澹寮方》）。

22. 治阴蚀

①地龙一两（去土微炒），狼牙一两。上件药，细锉和匀。每服二字，以水一大盏，煎至五分，去滓，食前温服（《圣惠方》）。

②蚯蚓三四条（炙干为末），葱数茎（火上炙干为末），蜜一碗煮成膏，将药搅匀，纳入阴户，虫尽死矣（《串雅内编》）。

23. 治阳证脱肛

干地龙（蟠如钱样者佳，略去土）一两，风化朴硝二钱。上锉，焙研为细末，仍和匀朴硝。每以二钱至三钱，肛门湿润干涂，干燥用清油调涂。先以见肿消，荆芥、生葱煮水，候温浴洗，轻与拭干，然后敷药（《活幼儿书》蟠龙散）。

24. 催生

地龙（洗去土，新瓦上焙令微黄）、陈皮、蒲黄（隔纸炒），各自为末。如经日不产或二三日难产者，各炒一钱，新井水调下，只一服即分娩，累试有效（《产宝诸方》黄龙散）。

25. 治疗精神分裂症（实证）

取地龙 60 克，白糖 10 克。水煎，分早晚 2 次服，每日 1 剂，每周 6 剂，60 剂为 1 疗程。

26. 治疗高血压病

取干蚯蚓 40 克，捣碎投入 60% 乙醇 100 毫升中，每日振荡 2 次，浸渍 72 小时，过滤即成 40% 的蚯蚓酊，每次 10 毫升，每日 3 次，饭后和少量温开水服，个别患者服后有胃纳不佳反应，可加入适量生姜酊。

27. 治疗脑血管意外引起的偏瘫

取地龙 30 克，蜈蚣 1 条，白芷 9 克。共研细末，每次 6 克，日服 3 次，10 日为 1 疗程，两个疗程之间停药 2 日。一般

1～3个疗程见效。

28. 治疗慢性支气管炎

用地龙焙干研粉，猪胆汁煎煮浓缩烤干研末，两者按6∶4比例混合装胶囊，或蜜制成丸。每次1.5克，日服3次。

29. 治疗消化性溃疡

地龙粉（烤干研末，过120目筛）2克，每日3～4次，饭后1小时服，服4次者每晚睡前加服1次。

30. 治疗中耳炎

取肥大活蚯蚓30～40条，用水洗净置容器内，再放入白糖30克，用镊子轻轻搅拌，约20～30分钟，白糖溶化，蚯蚓萎缩，渗出黄白色黏液，纱布过滤，即成"蚯蚓白糖液"，瓶装备用（存放时间不宜过长）。先用3%过氧化氢（双氧水）洗净耳内脓性分泌物，棉球擦干，滴药液3～4滴，滴后外耳道塞一干棉球，每日2～3次。

31. 治疗烧伤

取肥大蚯蚓浸入清水盆中，待其吐尽腹内泥土后，立即放入干净的碗内，加入白糖（蚯蚓1份，白糖2份），用棒不断搅拌，待蚯蚓体内的粘液逐渐析出而身体萎缩时，弃去蚯蚓，则得"蚯蚓白糖糊"。一般新鲜的较好，也可置于干净瓶内，放于暗冷处备用。先用生理盐水洗净创伤面，然后将糖糊涂患处，厚度为2～3毫米，纱布包扎，3日换药1次。

32. 治疗带状疱疹

取活蚯蚓洗净泥土，加等量白糖使其溶化。用棉棒蘸溶液涂敷患处，每日涂药5～6次，无需包扎。

33. 治疗慢性荨麻疹

用100%地龙注射液每次2～3毫升，肌肉注射，小儿酌情减量，每日1次，10次为1疗程，疗程间隔3~4日，同时辅以适当的抗组胺类药物。

34. 治疗下肢溃疡

用纱布浸以蚯蚓2份，白糖1份制成的糖浆敷患处，并不时更换以保持湿度，治疗下肢溃疡甚为有效。

35. 治疗流行性腮腺炎

将活蚯蚓洗净后置器皿内，加等量白糖腌渍，会逐渐分泌出一种黄白色黏液。用此液或搅拌成的糖浆涂于患处，以纱布覆盖，2~3小时1换。经大量临床病例观察，证实此法具有退热快、消肿佳（1~3日）的特点，是一种较理想的治疗流行性腮腺炎的方法。

36. 治疗骨折

将活蚯蚓洗净后加入1/3量的白糖共捣成糊状，再加少量冰片拌制成浆状，即是地龙浆；地龙接骨丸是将地龙研为细末水泛成绿豆大的药丸，外以山药粉为衣。临床上治疗骨折的方法是外敷地龙浆，用时涂于纱布上，直敷患处，1日1换；内服地龙接骨丸，每次服6克，每日2次。

八、蚓激酶的提取

蚯蚓的蚓激酶，也称为纤溶酶、血栓溶解酶，pH8~8.2时能使蚯蚓溶解。它不仅能激活纤维蛋白溶解酶元，更能直接溶解纤维蛋白，进而溶解血栓。该酶对新鲜血栓和陈旧性血栓都有溶通作用，对急性缺血性中风有效率达100%，对动脉硬化、大脑和心脏循环障碍的有效率达90%以上。蚓激酶还有降低血液粘度、改善微循环、抑制血小板聚集、抗凝血、促进血液流畅等作用，对高血黏度综合症的有效率达80%以上，对中风后遗症、动脉硬化、高血压有治疗作用。同时还可以用来预防血栓形成，降低心脑血管疾患的发病率，尤其对中老年人的抗衰、防病，增强身体各器官的功能有一定的辅助效果。此外，对关节炎、骨质增生及保健美容也有一定的作用。在国内，用于保健类的蚯蚓口服液、胶囊、药酒及护肤化妆品的研究，已达到了较高的水平。对癌症患者也有一定的治疗作用，尤其对食管癌有抑制效果，如果能与化疗配合收效就更加明显。

目前，国内外都在致力于蚓激酶的提取工作，比较常用的是采用分子生物学的分离方法（图 11－1）。

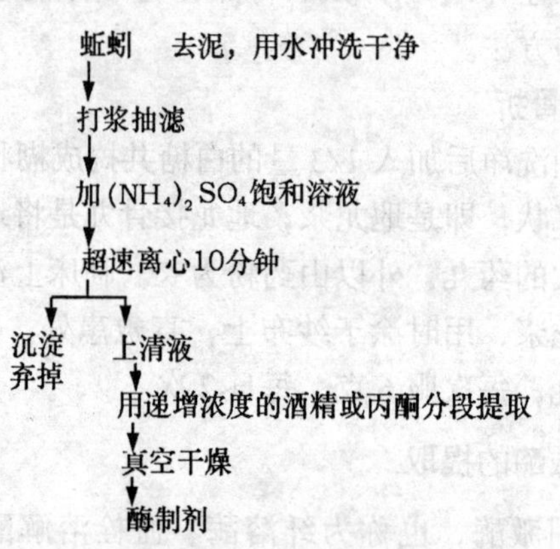

图 11－1 蚓激酶制备示意图

在蚓激酶的分离中，蚯蚓的水提取液以饱和硫酸铵 $(NH_4)_2SO_4$ 沉淀出蛋白质；或用 5%～10%NaCl 水溶液作溶剂，提取液中加入 NaCl 至饱和析出蛋白质；也常用透析法制纯蛋白质。并用递增浓度的酒精或丙酮分段提取，最后用超速离心，除去不溶物，真空干燥，得蚓激酶。

蚓激酶药酒的制作：可取洗净消毒的蚓体泡入酒中，当溶液呈棕褐色时即可服用。

九、地龙注射液的制法

1. 水提取法　取广地龙干40千克，加水浸泡半小时，然后煮沸半小时，吸出煎出液，再加水适量，煮沸半小时。如此反复煎煮，提取3次~4次，合并煎出液（约400立方米）。用120孔筛过滤，滤液用薄膜浓缩器浓缩至40千克，加入含量为95%的乙醇使含醇量达60%。放置过夜。次日用布袋滤除沉淀，滤液再行浓缩，并回收乙醇，浓缩至糖浆状。再加入含量为95%的乙醇，使含醇量达82%。放置过夜。次日用布袋滤除沉淀，滤液再行浓缩，并回收乙醇，至无乙醇味，加注射用水至20立方米。冷藏过夜。然后用石棉滤器滤清后，用10%的氢氧化钠调pH7.5左右灌封灭菌，即得。

2. 醇回流法　取广地龙干1.5千克，加80%的乙醇6000毫升。置容器中加热回流2小时，放冷、过滤。滤渣再用80%的乙醇6000毫升回流加热2小时，放冷、过滤。合并二次提取液，浓缩并回收乙醇至无乙醇味为止。加注射用水至750毫升，冷藏过夜，次日用4号垂熔漏斗加滤纸浆的方法过滤，用10%的氢氧化钠调至pH7.5，灌封灭菌。

3. 醇渗漉法　广地龙烘干研碎，取过20目筛的地龙粉500克，加约170毫升95%的乙醇湿润，放置15分钟，装入锥形渗漉筒中，加95%乙醇浸渍24小时，以每10分钟1毫升的速度缓缓渗漉至漉出液达2000毫升时，停止渗漉，将渗漉液浓缩并回收乙醇，直至无乙醇味。加注射用水至250毫升，冷藏过夜。次日用4号垂熔漏斗加滤纸浆的方法过滤，后调至pH7.5，灌封灭菌，进行药检，即得成品。

第三节 蚯蚓的食用加工与利用

食用蚯蚓首先进行消毒杀菌处理外，还要进一步的加工。对大型蚯蚓，可将其头部用针钉住，用刀片将其身体剖开，排出内脏，洗净备用；对中型蚯蚓，可先让其取食干净的人类食物，待排尽体内粪便后，让其在水中吐水，把肠内物质排净，然后洗净备用。食用方面的加工利用主要是制作蚯蚓罐头和烹调蚯蚓菜肴：

一、蚯蚓罐头的制作

1. 工艺流程 原料准备→油炒→预煮→装罐→消毒→包装→成品。

2. 具体操作

(1) 油炒

原料：取消毒处理的食用蚯蚓肉10千克，食盐0.2千克，酱油0.5千克，料酒0.3千克，砂糖0.25千克，猪油0.3千克，陈皮丝30克，红辣椒粉50克。

炒拌：先将猪油倒入夹层锅内加热，然后投入陈皮和蚯蚓肉，不断炒拌至表面收缩时，加入约1/3量的料酒，然后加入盐、糖、酱油以及其他配料，注意要边加料边炒拌。到半熟时，即可出锅备用。

(2) 香料水的配制

原料：大葱300克，生姜300克，八角100克，桂皮100

克，花椒 50 克，草果 50 克，味精 80 克，香色适量，骨头汤 70 千克。

制作：将上述香料清洗后，生姜捶烂，桂皮掰碎，八角、花椒、草果用纱布包扎后投入盛骨头汤的夹层锅内熬煮 30 分钟以上，过滤，最后加入香色和味精拌匀后备用。

（3）焖煮

经炒拌的蚯蚓肉，每 10 千克加香料水 3.5 千克，加盖焖煮至蚯蚓肉熟透，脱水率为 30%。然后倒入剩余的 2/3 量的料酒，炒料均匀即可出锅，用不锈钢小孔网筛过滤。把肉和汤分开放置，汤汁控制在 6 千克左右即可。

（4）装罐、排气、密封

将焖好的蚯蚓肉装入罐中，进行排气密封。热力排气瓶内中心温度不低于 85℃，维持 15 分钟。真空封罐机 66661 帕抽气，并且应比一般无骨罐头适当延长时间。用封罐机密封，并逐罐检查，合格者才能进入杀菌程序。

（5）杀菌、冷却

杀菌式一般采用热力排气：15′～60′、至 15′/118℃。冷却应分段进行，一般为 100℃、80℃、60℃、40℃，当温度降至 45℃以下时即可出锅擦罐，涂上防锈油，入库保存。

（6）包装入库

已杀菌、冷却的罐头放在常温的条件下，放置一周左右，有密封不严、胖罐等取出列为次品，检验没有问题的为合格产品，再贴上标签进行包装入库。

3. 质量检测标准 感官指标：要求肉色正常，呈灰褐色；具有蚯蚓罐头特有的滋味及气味，无异味；软硬适度，形态完整，大小大致均匀；不允许其他杂质存在。

理化指标：净重为425克/瓶或500克/瓶，允许公差±5%，每批产品平均净重不低于规定重量；瓶内固形物不低于净重的40%；氯化物含量为1.5%~2.5%；重金属含量为每千克制品中锡（Sn）≤200毫克，铜（Cu）≤10毫克，铅（Pb）≤0.1毫克，砷（As）≤0.5毫克。

微生物指标：应符合罐头食品商品无菌要求。

二、蚯蚓菜肴的制作

1. 加苹果调味品的蚯蚓甜饼 取奶油75克，砂糖75克，肉豆蔻5克，白面粉100克，苏打10克，肉桂10克，盐5克，鸡蛋3个，香料5克，苹果调味品75克，切碎的蚯蚓150克，切碎的果实75克。

首先将切碎的蚯蚓散放在聚四氟乙烯的甜饼干烙锅上，然后放到95℃的烤炉里烤15分钟，取出后冷却。再把奶油和砂糖拌成冰激凌状后加入鸡蛋。将白面粉、苏打、肉桂、盐、肉豆蔻、香料放在容器里混合，再掺入糊状的奶油、白砂糖、鸡蛋，放在25厘米的烤锅上，烘焙至160℃约50分钟即成。

2. 蚯蚓馅饼 取切碎的蚯蚓800克，鸡蛋1个，稀奶油75克，面包粉100克，研碎的柠檬皮5克，奶油10克，盐10克，酸奶酪150克，白胡椒3克，苏打水10克。

将蚯蚓、柠檬皮、盐、白胡椒混合，再用苏打水调匀，做成馅饼形状，裹鸡蛋、面包粉，把奶油加热后烧烤10分钟左右。中间再重复蘸一遍。

3. 蚯蚓菜肉蛋卷 取鸡蛋6个，鲜蚯蚓150克，牛奶50克，荷兰芹50克，薄切辣椒片30克，小葱20克，调味品少许，干酪25克，切碎的薄荷5克，盐5克，蒜汁1滴，切成薄片的蘑菇 30 克。

把鸡蛋、牛奶、荷兰芹、胡椒和蒜汁混合均匀，放入炒勺内烧到半熟时，再把蚯蚓、辣椒、薄荷、葱、干酪、蘑菇等放入，可趁热食之。

4. 咖喱粉蚯蚓豌豆 在锅里放入牛奶，加热，并加入 5 克切碎的椰子实，5 克砂糖，边加入边搅动。另把 20 克切碎的葱用黄油炒过，放入蒜末，再加入 10 克咖喱粉，边加边混合，再把刚加热的椰子实牛奶慢慢地倒进去，加热 10 余分钟，冷却。在另外的锅里打入 4 个鸡蛋黄，拌匀，再把刚做好的咖喱调味品一边搅拌一边加入。然后把用开水烫过并充分晾干的豌豆 1 杯和切碎的蚯蚓搀和，放入锅内，将 4 个鸡蛋的蛋清搅好从上面淋入，并撒盐与胡椒，然后放到烤箱内加热（190℃）40 分钟，即可食用。

5. 对虾和蚯蚓凉菜 第一步，把 200 克蚯蚓洗净，用中火煮 15 分钟，把水控干；第二步，把漂白过的 100 克杏仁剁碎与蚯蚓混合，散放在烤饼干的板上用烤箱烤；第三步，把 6 个煮熟的鸡蛋切碎，对虾洗净晾干，将 75 克切细的芹菜，75 克干酪，5 克鲜葱，3 克蒜末，5 克盐混合起来加进去；第四步，充分混合后再放进烤箱里加热（180℃）15 分钟即可。宜凉后食用。

6. 胡椒烤蚯蚓 将350克蚯蚓洗净，用微火煮 15 分钟，清洗后再煮 15 分钟。然后同 250 克瘦肉馅、葱、蒜、荷兰芹、胡椒少许、2 小罐西红柿调料、6 个切碎的蘑菇一起用油炒。同时，把 4 个 ~ 6 个辣椒用开水煮沸，再把瘦肉馅等放入辣椒内，置 150℃烤箱中烤 25 分钟，抹上干酪再烤 5 分钟。

7. 爆炒蚯蚓肉 取蚯蚓150克，冬笋片 75 克，熟猪油 500

克（约耗100克），黄酒10克，姜末5克，精盐15克，一个鸭蛋的蛋清，味精适量，清汤15克。

烹调时，先将洗净的蚯蚓切碎，然后放入碗中，倒入鸭蛋清和少量黄酒，再加入少许精盐拌匀待用。

锅内放入猪油500克，用旺火烧至六成热，放入拌好的蚯蚓，迅速用铁勺拨散。当蚯蚓舒展浮起时，将炸好的蚯蚓和油一同倒入漏勺中，漏去剩油。再将锅放在旺火上，放入少许熟猪油烧至八成热后，放入姜末和冬笋片，再加入清汤和少量黄酒，淋上少量熟猪油，即可起锅上盘。

此菜中若无冬笋时，也可用茭白、青椒、莴笋或蘑菇等配作。

8. 宫保蚯蚓 加工好的蚯蚓肉400克，吸干水气，加入少许干生粉“上浆”待用。此时碗内放适量料酒、酱油、糖、醋、胡椒面、味精、水生粉“兑汁”。锅内放油烧至六七成热时，将蚯蚓倒入漏勺内。原锅余油放干椒粉炸成棕红色，放姜片、葱节、蒜片、豆瓣酱。炒香吐出红油时，将蚯蚓下锅，倒入料汁，翻炒装盘。另煸炒青椒、银芽少许，围于四周。成品中撒少许花生碎末。

9. 爆炒天目蚯蚓 蚯蚓250克，火腿15克，青豆5克、笋尖5克，猪油100克，料酒5克。将蚯蚓切碎，上浆（盐、豆粉、酒），下油锅爆炒，油温六成，时间不宜过长即起锅。配料火腿、青豆、笋尖下锅后，将主料滑炒起锅的蚯蚓再下锅。然后用盐、酒、面粉、糖调匀。

10. 蚯蚓炒肉丝 蚯蚓250克，精肉150克，配以盐、糖、醋、酱油、葱末、胡椒粉、猪油、生粉等。先把肉丝放在碗内，加盐少许，醋、生粉适量，拌匀待用。把锅烧热，放猪油

50 克，待油热后放下已拌好的肉丝。炒熟后，倒出，放在碗内备用。趁热锅加猪油 50 克，油热后把蚯蚓肉放入锅内，用猛火稍炒几下，加盐、糖、酱油、胡椒粉少许，以清汤炒和。烧沸后，再放入已炒好的肉丝，用豆粉勾芡，撒上葱花，淋浇猪油，即可装盘。

第四节 蚯蚓粪的利用

蚓粪含有较高的营养成分，综合利用蚓粪不仅能增加养殖的经济效益，而且还能避免环境的再污染。北京绿环靖宇科贸有限公司的试验蚓粪对作物的出苗率比其他粪肥有明显的提高（表 11－1）。

表 11－1 蚓粪对作物出苗率的影响（%）对比表

粪种	西红柿	花卉	草坪
牛粪	15	30	76.7
猪粪	11.7	66.7	75.0
蚓粪	91.7	88.3	90.0

目前，主要产品包括：有机肥、有机复合肥的各种专用肥。通过长期的试验种植，其增产效果比较明显（表 11－2）。

在加工蚓粪时一般包括干燥、过筛、包装、贮存等过程。干燥分为自然风干和人工干燥两种。为了降低成本，多采用自然风干和摊晒的方法。人工干燥多采用远红外烘干机的办法。

表 11－2 蚓粪适用作物及增产效果

产品名称	含量	适用作物	用量（千克/亩）	增产幅度（%）	使用方法
有机肥	氮＋磷＋钾≥6.5% 有机物总量≥64% 腐植酸≥35% 粉粒状	特色菜	300	3～5	基施
		出口菜	300	5	基施
		绿色食品	400	10	基施
有机复合肥（粉状）	氮＋磷＋钾≥15% 有机物总量≥45% 腐植酸≥20%	大田作物	200～250	15	基施
		蔬菜	150～250	20	基施
		果树	250～300	10	基施
有机复合肥 1（颗粒）	氮＋磷＋钾≥25% 有机物总量≥35% 腐植酸≥22% 粒度（1－4.5 毫米）≥85%	大田作物	100～150	20	基肥追肥
		蔬菜	100～200	25	基肥追肥
		果树	200～250	20	基肥追肥
		草坪	200		基肥追肥
有机复合肥 2（颗粒）	氮＋磷＋钾≥15% 有机物总量≥45% 腐植酸≥20% 粒度（1－4.5 毫米）≥85%	大田作物	200～250	15	基肥追肥
		蔬菜	150～250	20	基肥追肥
		果树	250～300	10	基肥追肥
		草坪	250		基肥追肥

此外，在加工利用蚓粪时还应注意：一是湿蚓粪愈早烘干愈好。如需长期贮存，应控制在含水量为 30%～40%之间；二是蚓粪的存放时间愈长，氮的耗损就愈多；三是蚓粪宜高温干燥，因高温可以有效地杀死致病微生物。

第五节 蚯蚓在养殖方面的利用

一、蚯蚓养猪

用蚯蚓养猪时，蚯蚓的用量一般按日粮总量的 5%～10%

之间。据河北某养猪场试验，每头猪每天平均加喂鲜蚯蚓 162 克，四个月后试验组比对照组增重 74%，而且猪骨长肌比对照组宽 5 厘米；北京某养猪场试验，每天每头猪喂蚯蚓 100～150 克，两个月后称重，试验组比对照组平均每头增重 4 千克，增长 30%。而且喂蚯蚓的猪肉嫩、鲜、无异味，肉的品质有明显的提高。另外，蚯蚓对母猪还具有催乳作用，试验期 1 个月后，试验组比对照组每头仔猪平均增重 1.75 千克。

二、蚯蚓养鸡

1. 蚯蚓养肉鸡　某养鸡场用鲜蚯蚓养殖20日龄到30日龄的白洛克肉鸡，每天每只鸡投喂量平均 25 克。40 天后每只肉鸡试验组比对照组平均增重 163 克，增重率为 15.9%。同时用煮熟的蚯蚓，按日粮的 12%添加，养殖白洛克肉鸡 60 天，试验组比对照组增重 39.1%，而料肉比下降 1.07，肉鸡死亡率下降 5%。

2. 蚯蚓养蛋鸡　某养鸡场在试验组饲料中加入5%鲜蚯蚓，对照组则加入 7%鲜鱼，其他饲料条件相同，47 天后，试验组比对照组多产蛋 30 枚，每只蛋增重 0.58 克。另外，用 20%的蚓粪和 3%的鲜蚯蚓加入配合饲料中喂蛋鸡，20 天可节约精料 2.5 千克，多产蛋 2 枚，每只蛋增重 1.2 克。

三、蚯蚓养鸭

蚯蚓可以作为鸭的主食来饲喂，饲喂量可占精料的60%～70%，每只鸭每天可饲喂 100 克～150 克，其结果产蛋率提高了 50%，每只蛋增重 15 克，同时鸭体健康、羽毛丰满，产蛋期延长。如果用 10%蚯蚓粉饲喂肉鸭 45 天，试验组比对照组每只日增重平均可达 10 克。

四、蚯蚓养鱼

蚯蚓是鳗鱼、鲤鱼等鱼的优质蛋白蛋饲料，经某鱼场试验，用1.14%的蚯蚓与38.86%的蚓粪替代40%的精料养鱼129天，试验组比对照组增产22.4%，而且鱼的活动性强，体色艳丽、生长快。

五、蚯蚓养虾

某对虾养殖场，每平每尾对虾每天饲喂蚯蚓5克，经观察，对虾不但生长快，繁殖能力也明显增强，产卵量达10.5万粒~50.7万粒，提高25%。

六、蚯蚓养龟

某养龟场，每天投喂鲜蚯蚓，按龟体重的10%~15%，经观察，试验组比对照组增重15%，产蛋量也增加了10%。

七、蚯蚓养水貂

某养貂场，每天每只貂增加20克鲜蚯蚓，经20天，试验组比对照组增重20%，而且对比毛皮质量明显提高，繁殖能力明显增强。

参考文献

闫志民等．2000．蚯蚓．北京：中国中医药出版社
徐魁梧，戴杏庭．1998．蚯蚓人工养殖与利用新技术．南京出版．1998
周天元．2002．蚯蚓无土高效养殖新技术．天津：天津科学技术出版社

附录

天津贾立明蚯蚓养殖有限公司
天津市宁河县利民蚯蚓养殖场
天津市宁河县蚯蚓购销养殖总场
简　介

该公司成立于1991年，是中国北方第一家大型干、鲜、冻蚯蚓与蚯蚓粪专业生产厂家，常年经营医用、药用、食用、饲料用干蚯蚓、鲜蚯蚓、冻蚯蚓、蚯蚓蚓茧、药用蚓激酶与蚯蚓粪肥业务及出口，总场与基地养殖蚯蚓面积10万多平方米，年产各类蚯蚓200～300吨，年产蚯蚓粪达2000吨左右。该场产品远销日本、韩国、美国、法国、马来西亚及东南亚等地区，并愿与国内、外蚯蚓与蚯蚓粪业务的厂家、商家、中西药厂、公司建立常年业务合作。

常年可提供产品有：

（1）蚯蚓卵茧、药用蚓激酶。（2）蚯蚓种苗、技术、蚯蚓资料、画册、蚯蚓光盘VCD等服务。（3）无菌蝇蛆粉、蝇蛆干、黄粉虫子货。（4）水蚯蚓、线虫、红虫、赤虫、轮虫、血虫、丰年虾、丰年虫、河虫、小虾、河虾、活体、干体、冰冻体、冻干体。（5）药用鲜蚯蚓、药用冻干蚯蚓、药用晒干蚯蚓、药用冻蚯蚓；食用鲜蚯蚓、食用冻干蚯蚓、食用晒干蚯蚓、食用冻蚯蚓；饲料用鲜蚯蚓、饲料用冻干蚯蚓、饲料用晒干蚯蚓、饲料用冻蚯蚓、膨化条蚯蚓。（6）生物肥厂、有机肥厂、专用肥厂家的好原料，高、中、低档蚯蚓粪，适合生产无公害蔬菜专用肥、有机茶叶高档肥料、有机食品、绿色食品出口专用肥、芦荟、仙人掌、草坪、果树、高档花卉专用肥、系列肥。(7) 食用仙人掌种片。仙人掌菜片、仙人掌冻干粉等。

Http：//WWW．earthworm．com．cn

Http：//WWW．Bloodworm．com．cn

E - mail：liming@qiuyln．com．cn

ADD 场址：天津市宁河县芦台镇

邮编：301500

TEL 电话：022 - 69151295　69596603　69572790

手机：013920266412

FAX 传真：022 - 69579975　69151300